天下第一兵法智慧全書。
全世界軍事家、政治家、企業家一致推崇！

智典
孫子兵法

吳希妍　著

本書簡介

《孫子兵法》是歷史上最傑出的智慧經典，
一直以來，它都是政治、軍事、商戰
以及處世應對之道最具參考價值的典籍。
時至今日，它更是現代企業領袖人物必修課程。

《孫子兵法》一書是二千五百年前
大軍事家、謀略家孫武所撰。
它以軍事理論專注的形式，
總結了春秋末及以前的戰爭經驗，
奠定了中國古典兵學的理論基礎，
在中外軍事和謀略史上具有突出的重要地位。
這部書不斷地影響後世的各界人士，
亦成為世界各國政治家、軍事家、企業家爭相研讀的
一部如何立於不敗之地的處世指導書。

序言

《孫子兵法》是歷史上最傑出的智慧經典，一直以來，它都是政治、軍事、商戰以及處世的最具參考價值的典籍。時至今日，它更是現代企業領袖人物必修課程。

《孫子兵法》一書是我國二千五百年前大軍事家、謀略家孫武所撰。它以軍事理論專注的形式，總結了春秋末及以前的戰爭經驗，奠定了中國古典兵學的理論基礎，在中外軍事和謀略史上具有突出的重要地位。這部書不斷地影響後世的各界人士，成為世界各國政治家、軍事家、企業家爭相研讀的一部為人處世的指導書。

《孫子兵法》領域之廣、內容之豐富、種類之繁多，遠非我們所能面面俱到，兼收並蓄。所以我們有針對性地將世人感興趣的兵法和智謀進行採編、選擇、選注、點評，並根據當代社會和市場經濟的發展需要，將兵法和智謀配以近當代在我們周圍所發生而鮮為人知的故事，從軍事和商業的角度，加深對傳統文化和優秀軍事思想的理解，使全書的主題顯現於讀者眼前，尤其可幫助對這些方面感興趣的朋友，在開卷有益的前提下，使其能夠吸納書中的養分，並充分享受到閱讀的樂趣！

目錄

軍爭篇／163

始計篇

原文

孫子曰：兵①者，國之大事②，死生之地，存亡之道，不可不察③也。

故經之以五事④，校之以計而索其情⑤：一曰道⑥，二曰天，三曰地，四曰將⑦，五曰法⑧。道者，令民與上同意也⑨。故可以與之死，可以與之生，而不畏危⑩。天者，陰陽⑪、寒暑⑫、時制⑬也。地者，遠近、險易⑭、廣狹⑮、死生⑯也。將者，智、信、仁、勇、嚴⑰也。法者，曲制⑱、官道⑲、主用⑳也。

凡此五者，將莫不聞㉑。知之者勝㉒，不知者不勝。故校之以計而索其情，曰：主孰有道㉓？將孰有能㉔？天地孰得㉕？法令孰行？兵眾孰強㉖？士卒孰練㉗？賞罰孰明？吾以此知勝負矣㉘。

將聽吾計㉙，用之必勝㉚，留之。

將不聽吾計，用之必敗，去之㉛。

計利以聽㉜，乃為之勢㉝，以佐其外㉞。

勢者，因利而制權也㉟。

兵㊱者，詭道也㊲。故能而示之不能㊳，用而示之不用㊴；近而示之遠，遠而示之近㊵；利而誘之㊶，亂而取之㊷，實而備之㊸，強而避之㊹，怒而撓之㊺，卑而驕之㊻，佚而勞之㊼，親而離之㊽。攻其無備，出其不意。此兵家之勝㊾，不可先傳也㊿。

夫未戰而廟算(51)勝者，得算多也(52)；未戰而廟算不勝昔，得算少也。多算勝，少算不勝，而況於無算乎㊿！

吾以此觀之，勝負見矣54。

注釋

①兵：本義為兵械。《說文》：「兵，械也。」後逐漸引申為兵士、軍隊、戰爭等。這裡作「戰爭」解。

②國之大事：意為國家的重大事務。

③不可不察：察，考察、研究。不可不察，意指不可不仔細審察，謹慎對待。

④經之以五事：經，度量、衡量。五事，指下文的「道、天、地、將、法」。此句意為要從五個方面分析、預測。

⑤校之以計而索其情：校，衡量、比較。計，指籌劃。索，探索。情，情勢；這裡指敵我雙方的實情，戰爭勝負的情勢。全句意思為：通過比較雙方的謀劃，探索戰爭勝負的情勢。

⑥道：本義為道路、途徑，引申為政治主張。

⑦將：將領。

⑧法：法制。

⑨令民與上同意也：令，使、讓的意思。民，普通民眾。上，君主、國君。意，意願、意志。令民與上同意，意為使民眾與國君統一意志，擁護君主的意願。

⑩不畏危：不害怕危險。意為民眾樂於為君主出生入死，絲毫不畏懼危險。

⑪陰陽：指晝夜、晴雨等不同的氣象變化。

⑫寒暑：指寒冷、炎熱等氣溫的差異。

⑬時制：指春、夏、秋、冬四季時令的更替。

⑭遠近、險易：遠近，指作戰區域的距離遠近。險易，指地勢的險要或平坦。

⑮廣狹：指作戰地域的廣闊或狹窄。

⑯死生：指地形條件是否利於攻守進退。死，即死地，進退兩難的地域；生，即生地，易攻能守之地。

⑰智、信、仁、勇、嚴：智，智謀、才能；信，賞罰有信；仁，愛撫士卒；勇，勇敢果斷；嚴，軍紀嚴明。孫子提出此句，視之為優秀將帥所必須具備的五德。

⑱曲制：有關軍隊的組織、編制、通訊聯絡等具體制度。

⑲官道：指各級將吏的管理制度。

⑳主用：指各類軍需物資的後勤保障制度。主，掌管；用，物資費用。

㉑聞：知道、了解。

㉒知之者勝，不知者不勝：知，知曉；這裡含有深刻了解、確實掌握的意思。此句是說：對五事（道、天、地、將、法）有深刻地了解並掌握運用得好，就能勝；掌握得不好，則不勝。

㉓主孰有道：指哪一方國君政治清明，擁有民眾的支持。孰，誰；這裡指哪一方。有道，政治清明。

㉔將孰有能：哪一方的將領更有才能。

㉕天地孰得：哪一方擁有天時、地利。

㉖兵眾孰強：哪一方的兵械鋒利，士卒眾多。兵，此處指兵械。

㉗士卒孰練：哪一方的軍隊訓練有素。練，嫻熟。

㉘吾以此知勝負矣：我根據這些情況來分析，即可預知勝負之歸屬。

㉙將聽吾計：將，作助動詞用，表示假設，意為設若、如果。此句意為：如果能聽從、採納我的計謀。

㉚用之必勝：之，語氣助詞，無義。用，實行，即用兵。

㉛去之：去，離開。

㉜計利以聽：計利，計謀有利。聽，聽從、採納。

㉝乃為之勢：乃，於是、就的意思。為，創造、造就。之，虛詞。勢，態勢。此句意思是：造成一種積極的軍事態勢。

㉞以佐其外：用來輔佐他對外的軍事活動。佐，輔佐、輔助。

㉟因利而制權：因，根據、憑依。制，決定、採取之意。權，權變、靈活處置之意。意為根據利害關係，採取靈活的對策。

㊱兵：用兵打仗。

㊲詭道也：詭詐之術。詭，欺詐、詭詐。道，學說。

㊳能而示之不能：能，有能力、能夠。示，顯示。即能戰卻裝作

不能戰的樣子。此句至「親而離之」等十二條作戰原則，即著名的「詭道十二法」。

㊴用而示之不用：用，用兵。實際要打，卻裝作不想打。

㊵近而示之遠，遠而示之近：實際要進攻近處，卻裝作要進攻遠處；實際要進攻遠處，卻裝作要進攻近處。意在使敵人無法防備。

㊶利而誘之：利，此處作動詞用，貪利的意思。誘，引誘。意為敵人貪利，則以利引誘，伺機打擊之。

㊷亂而取之：亂，混亂。意為：對處於混亂狀態的敵人，要抓住時機進攻他。

㊸實而備之：實，實力雄厚。指對待實力雄厚之敵，需嚴加防備。

㊹強而避之：面對強大的敵人，當避其鋒芒，不可硬拼。

㊺怒而撓之：怒，易怒而脾氣暴躁。撓，挑逗、擾亂。言敵人易怒，就設法激怒他，使他喪失理智，臨陣指揮時做出錯誤的抉擇，導致失敗。

㊻卑而驕之：卑，小、怯。言敵人卑怯謹慎，應設法使其驕傲自大，然後伺機破之。另一種解釋為：己方主動卑辭示弱，使對方產生錯覺，令其驕傲。

㊼佚而勞之：佚，同「逸」，安逸、自在。勞，作動詞用，意為使之疲勞。此句說：敵方安逸，就設法使他疲勞。

㊽親而離之：親，親近。離，離間、分化。此句意為：如果敵人內部團結，則設計離間、分化他們。

㊾兵家之勝：兵家，軍事家。勝，奧妙。這句指上述「詭道十二法」乃軍事家指揮若定的　妙之所在。

㊿不可先傳也：先，預先、事先。傳，傳授、規定。此句意即：在戰爭中，應根據具體情況做出決斷，不能事先呆板地做出規定。

(51)廟算：古代興師作戰之前，通常要在廟堂裡商議、謀劃，分析戰爭的利害得失，制定作戰方略。這一作戰準備程序就叫作「廟算」。

(52)得算多也：意為取得勝利的條件充分、眾多。算，計數用的籌碼；此處引申為取得勝利的條件。

(53)多算勝，少算不勝，而況於無算乎：勝利的條件具備多者可以獲勝；反之，則無法取勝。更何況未曾具備任何取勝的條件？而況，何況。於，至於。

(54)勝負見矣：見，同「現」，顯現。言勝負之結果即可發現。

譯文

孫子說：戰爭是國家的大事，軍民生死安危的主宰，國家存亡的關鍵，不可以不認真考察研究。

因此，必須審度敵我五個方面的情況，比較雙方的謀劃，以取得對戰爭情勢的認識。這五個方面，一是政治，二是天時，三是地利，四是將領，五是法制。所謂政治，就是要讓民眾認同、擁護君主的意願，做到為君而死，為君而生，不害怕危險。所謂天時，就是指晝夜晴雨、寒冷酷熱、四時節候的變化。所謂地利，就是指征戰路途的遠近、地勢的險峻或平坦、作戰區域的寬廣或狹窄、地形對於攻守的益處或弊端。所謂將領，就是說，將帥要足智多謀，賞罰有信，愛護部屬，勇敢堅毅，樹立威嚴。所謂法制，就是指軍隊組織體制的建設，各級將吏的管理，軍需物資的掌管。以上五個方面，身為將帥者，都不能不充分了解。充分了解了這些情況，就能打勝仗。不了解這些情況，就不能打勝仗。所以，要通過對雙方七種情況的比較，以求得對戰爭情勢的認識：哪一方君主政治清明？哪一方將帥更有才能？哪一方擁有天時、地利？哪一方的法令能夠貫徹執行？哪一方的武器堅利精良？哪一方的士卒訓練有素？哪一方賞罰公正嚴明？我們根據這一切，就可以判斷出最後誰勝誰負。

若能聽從我的計謀，用兵打仗就一定勝利，我就留下。假如不能聽從我的計謀，用兵打仗就必敗無疑，我就離去。

籌劃有利的方略已被採納，就會造成一種態勢，以輔助對外的軍事行動。所謂態勢，即是依憑有利於自己的原則，靈活機變，掌握戰場的主動權。

用兵打仗是一種詭詐之術。能打，卻裝作不能打；要打，卻裝作不想打；明明要向近處進攻，卻裝作要打遠處；即將進攻遠處，卻裝作要攻近處；敵人貪利，就用利引誘他；敵人混亂，就乘機攻取他；敵人力量雄厚，就要注意防備他；敵人兵勢強盛，就暫時避其鋒芒；敵人易怒、暴躁，就要折損他的銳氣；敵人卑怯，就設法使之驕橫；敵人休整得好，就設法使之疲勞；敵人內部團結，就設法離間他。要在敵人沒有防備處發起進攻，在敵人意料不到時採取行動。所有這些，是軍事家指揮藝術的奧妙，不可事先呆板規定。

開戰之前就預計能夠取勝，是因為籌劃周密，獲得勝利的條件充分；開戰之前就預計不能取勝，是因為籌劃不周，獲得勝利的條件缺乏。籌劃周密、條件具備，就能取勝，籌劃不周、條件缺乏，就不能取勝，更何況不作籌劃、毫無條件呢？我們依據這些觀察，勝負的結果就可顯現出來了。

講解

「原計篇」是《孫子兵法》的首篇，具有提綱挈領的作用，僅三百餘字，先概括，後層層論述，條理清晰，言簡意咳。開篇即以「國之大事，不可不察」評價戰爭，突出，戰爭的重要性，為後來的精彩分析和闡述打下基礎。

首先，孫子提出了他著名的「五事」、「七計」。通過它們，判斷戰爭勝負的情勢。這部分的論述十分具體。同時，提出了運作「五事」、「七計」的「將者」；即這「五事」、「七計」，戰爭的領導者都應該充分掌握，通過敵我情況的比較，做到「知己知彼」而「百戰百勝」。

繼而，孫子又提出：「兵者，詭道也。」從戰略的高度，肯定了「詭詐用兵」的重要性，闡明了戰爭的藝術就是詭詐之術。「詭」，具體來講，就是後面提到的十二條「攻其無備，出其不意」。其目的只有一個，那就是——「克敵制勝」。

最後，孫子提出了「未戰先算」、「多算多勝」的觀點，又一次強調了「慎戰」、「重戰」的態度，要求決策者在進行戰爭之前，必須進行周密的計劃，對於「五事」、「七計」等進行估計和安排，以創造有利的條件，去贏得勝利。

這幾項謀略，在今天，仍有其現實意義。今天的人把古代戰爭的理論廣泛運用到現代政治、經濟、軍事、為人處事幾方面，收到了很好的效果。尤其是經濟方面，「不勝即亡」，商戰與戰爭有極大的相似性，因此，企業經營者越來越重視《孫子兵法》的現實指導意義。

戰事關天，不可不察

原文

兵者，國之大事也。死生之地，存亡之道，不可不察也。

點評

重戰、慎戰和善戰是孫子戰爭觀的三個主要方面。重戰，即重視戰爭，認真探討、研究戰爭；慎戰，即慎重地對待戰爭；善戰，即善於指導戰爭。

孫子指出，戰爭之所以是國家的大事，是因為軍隊之間的生死搏鬥直接關係到國家的存亡。為了因應鄰國的侵略，務必未雨綢繆，早做準備。如果要遠征他地，一定要在兵力、物力、財力上進行精密的籌劃，做到「知己知彼，百戰不殆」。另一方面，戰爭有正義戰爭和非正義戰爭之分，「得道多助，失道寡助。」因此，一定要認真考慮，決不可草率用兵。

典故名篇

❖ 商紂可伐，殷商滅亡

商朝後期，紂王對外連年發動戰爭，對內濫施酷刑，殘害忠良，大興徭役，建造以酒為池、懸肉為林的離宮，奢侈荒淫，達於極點，終於激起天下百姓和各地諸侯的強烈不滿。

這時候，一個足以與殷商王朝對峙的強國——「周」，在灃水兩岸悄然興起。

公元前約一〇六九年，周武王與八百諸侯會於孟津，舉行了聲勢浩大的誓師儀式，發表了聲討商紂王的檄文。八百諸侯群情激奮，都說：「商紂可伐！」但周武王聽從了國師呂尚（姜子牙）的勸告，認為殷商王朝的力量還十分強大，征伐商紂的時機還未成熟，斷然班師返回。

公元前一〇六六年，殷商王朝內部矛盾激化，王子比干被殺，箕子、微子、太師疵等朝廷重臣或被囚、或外逃，紂王已到眾叛親離的地步。

呂尚對周武王說：「天與不取，反受其咎；時至不行，反受其殃。」力勸武王出兵伐紂。武王盼這一天盼了十幾年，立刻下令遍告諸侯：「殷有重罪，不可不伐！」隨後以呂尚為主帥，統兵車三百輛、猛士三千人、甲士四萬五千人，誓師伐紂。

周師東進，一開始，進展頗不順利：一路上狂風肆虐，暴雨傾盆，雷電交加，折旗毀車，人馬時有傷亡。呂尚巧妙地把這天地肅殺之徵解釋為鬼神對殷商發怒之狀，並大力加以渲染，居然不但穩定了軍心，還增強了士兵的鬥志。由於商紂已失盡了人心，四方諸侯及沿途百姓紛紛加入武王的伐紂行列，周軍士氣日益高昂。

這一年12月，呂尚率軍渡過黃河，在距殷商都城朝歌僅70里的商郊牧野（今河南汲縣）召開了誓師大會，歷數紂王之罪，揭開了歷史上著名的「牧野之戰」的序幕。

此時，紂王正與東南邊疆的夷族交戰，朝歌兵力空虛。周軍兵臨城下的消息傳入朝歌，紂王慌忙把奴隸和戰俘武裝起來，倉促應戰。雙方在牧野短兵相接。戰鬥中，呂尚身先士卒，率戰車和猛士衝入商軍，打亂了商軍的陣腳。商軍本就沒有鬥志，不但不再抵抗，反而陣前倒戈，引導周軍殺入朝歌。紂王見大勢已去，登上鹿台，自焚而死。在中國歷史上為時五百多年的殷商至此滅亡。

公元前一〇六六年底，周武王班師回到鎬京（今陝西省西安市長安區），正式建立了周王朝。

❖ 井深大開創SONY事業

當今世界，幾乎沒有人不知道日本的SONY公司。但是，SONY

公司創業之初，可說歷盡坎坷公司的創始人井深大自幼就喜歡製作玩具。成年之後，他決心開創自己的事業。他研製過計算尺，失敗了；研製過電飯鍋，失敗了；研製過高爾夫球用具和其它日用品，也都失敗了。後來他和盛田昭夫創立了「東京通訊工業株式會社」。

井深大從失敗中汲取了教訓：一種新產品關係到企業的存亡。盲目開發，盲目生產，只能導致一次次失敗。

經過深思熟慮，他決定開發一種其它公司沒有製造過的產品——把電子技術與機械技術結合起來，研製嶄新的日常生活用品。實際上，這位早稻田大學理工學院畢業的電子技術專家很早以前就有這個夢想：把電子工程的綜合技術應用於生產消費領域。

一九四九年，某一天，井深大在日本廣播協會本部美國人的辦公室裡看到一台磁帶錄音機。他立刻意識到：「這就是我要研製的產品！」當時，日本還沒有人生產這種錄音機，也沒有人懂得它如何製造。井深大發動全體職工，一邊學習，一邊投入磁帶錄音機的研製。到了年底，終於研製出日本第一台G型磁帶錄音機。但是，由於G型磁帶錄音機體積大（如一隻大皮箱）、重量重（45公斤）、價格高（17萬日元一台），人們又不了解它的價值所在，導致產品滯銷。

井深大毫不氣餒。他看準了磁帶錄音機巨大的潛在市場和妙不可言的前途，與技術人員晝夜奮戰在一起，終於又研製出一種結構簡單、堅固耐用、體積小、售價低（僅6萬日元一台）的H型磁帶錄音機，並成功地把它推銷到全日本各中小學、政府機關和家庭，為開創新力事業奠定了基礎。

20世紀50年代初，半導體晶體管技術剛剛起步，井深大立即看到了其不可估量的發展遠景。他不惜重金，從美國購買了半導體專利，先於美國眾多的競爭者，研製出高頻半導體晶體管，並於一九五五年研製出世界上第一台半導體收音機，當年銷售額即達250萬美元。兩年後，他又研製出袖珍型Tr-63型半導體晶體管收音機，並成功地將這項產品打入美國市場。

後來盛田昭夫將東京通訊改為SONY公司，以利進軍國際歐美市場。時至今日，其產品已暢銷世界一百多個國家。

❖ 湯罐頭的銷售祕訣

一九七〇年，美國一家食品公司試銷了一種湯罐頭。起初，這種湯罐頭並沒有引起大眾的注意，銷售情況不太好。為了真正抓住市場的第一手信息，公司制定了詳細的市場調查計畫。針對不同的人對不同種類之湯罐頭的嗜好，這家罐頭公司每天派專人到費城的大街小巷去「觀察」，從人們扔出來的垃圾袋裡做調查，找出大眾喜歡的品種、顏色等，並弄清哪些人喜歡用哪種湯罐頭，供公司進行生產和銷售的決策之用。

這家公司在具體執行市場調查時，把調查的途徑分為三類。一、公司派人觀察產品的銷售和購買情況。調查者隱去原有的身分，或喬裝成售貨員，或「混跡」於顧客之中，進行「微服私訪」，暗中觀察商品、商標、包裝、廣告、價格等等在市場上的反應；同時注意同行業其他公司的動向，收集這些廠家生產、銷售該產品的有關情況。二、觀察這種湯罐頭的實際使用情況，如產品的整體感覺、客戶的喜好情形以及想追求什麼的口味等。三、觀察競爭對手的生產銷售情況，從中找出戰勝對手的方法。

當今時代，市場調查已成為一門科學，並有專門機構進行這方面的工作，形成了新的產業——市場調研業。成功的調查是佔領市場的第一步。要取得成功，就必須擁有妥善的組織，選擇合適的調查者或調查組，調研內容要得體，調研步驟設計要合適，調查後要善於分析、研究，並制定出有針對性的方針。

正是經過這樣的過程，這家湯罐頭公司獲得了第一手準確的資料，根據調查的結果，生產了不同品種的湯罐頭，最終贏得了不同層次的消費者，成功地佔領了市場。

❖ 雪佛隆公司的法寶

企業走向市場，要關心和觀察「上帝」在哪裡，是男是女，是老是少。就像湖南人嗜辣，山西人好酸一樣，對象的層次不同，需求也不一樣。如果不考慮、觀察這些因素而盲目開發新產品，就會因定位不準而找不到市場。考察的第一個環節就是要進行廣泛細緻的市場調查，劃分消費者的不同層次，把自己經營的產品與適應的消費層次結合起來，再進行廣告、定價、銷售手段等一系列促銷活動。

雪佛隆公司的做法正體現了這一原則。

雪佛隆公司是美國的一家食品企業，在80年代初曾投入大量資金，聘請美國亞利桑那大學人類學系的威廉・雷茲教授對垃圾進行研究。雷茲教授和他的助手在每個垃圾收集日，從垃圾堆中挑選出數袋，把垃圾的內容依照其原產品的名稱、重量、數量、包裝形式等予以分類。如此反覆進行了近一年的分析和考察，他獲得了有關當地食品消費情況的信息：

第一，勞動階層所喝的進口啤酒比收入高的階層多。這一調查結果大大出乎一般人的想像，如果未進行實際調查，貿然生產和銷售，後果不堪設想。得知這一信息，調查者又進一步分析研究，知道了消費者所喝啤酒中各品牌的比率。

第二，中等階層人士比其他階層所消費的食物更多。因為雙職工都要上班而太匆忙，以致沒有時間處理剩餘的食物。

第三，減肥清涼飲料與壓榨的橘子汁屬高層收入人士的消費品。

根據這些信息，公司進行決策，組織人力物力投入生產和銷售，最終獲得了成功。

五德皆備，可為大將

原文

將者，智、信、仁、勇、嚴也。

點評

孫子十分重視將帥在戰爭中的作用，強調：「懂得用兵的將帥，是民眾命運的掌握者，國家安危存亡的主宰。」（**《作戰篇》**）

他提出了選將用將的五條標準：「智、信、仁、勇、嚴。」這五德缺一不可。

「智」為「五德」之首——身為將領，其主要職責就是統率自己的軍隊，與敵人鬥智。一個好的將領必須「知彼知己」、「知天知地」（**《地形篇》**）、「知諸侯之謀」（**《九地篇》**），必須擁有豐富的作戰經驗，「能夠精通各種機變的運用。」（**《九變篇》**）

其次，將帥必須取信於人，「言必信，行必果。」「賞罰有信」

和「軍紀嚴明」是治軍的根本，「愛撫士卒」、「勇毅果敢」則是對將領品德、作風的要求。不能設想：一個殘暴的將軍能贏得士卒為他赴湯蹈火，一個懦弱的將軍會帶出驍勇威武的軍隊。

五德皆備是孫子對將領的最基本要求。此外，他要求將領應該具有良好的政治素質，「進不求名，退不避罪。」（**《地形篇》**）具有大將風度，沉著老練，臨危不懼，處變不驚（**《九地篇》**）等等。

典故名篇

❖ 守信為本，群情激奮

諸葛亮四出祁山時，所帶兵馬只有十多萬，而魏軍主將司馬懿迎戰蜀軍，擁有精兵三十餘萬，還有久經沙場的大將張郃、郭淮、費曜等人。蜀、魏兩軍在祁山對峙，旌旗獵獵，鼓角相聞，戰鬥一觸即發。

正在這緊張時刻，蜀軍中有4萬人因服役期滿，需退役還鄉。蜀軍將領都為此擔憂：一旦離去4萬人，部隊的戰鬥力將大打折扣。服役期滿的老兵也憂心忡忡：大戰在即，回鄉的願望肯定要化為泡影。將領們共同向諸葛亮建議：延期服役一個月，待大戰結束，再讓老兵還鄉。

諸葛亮斷然道：「治國治軍，必須以信為本。老兵們歸心似箭，他們家中的父母妻兒也盼親人回家，望眼欲穿，我怎麼能因一時的需要而失信於軍民？」說完，下令各部，讓服役期滿的老兵速速返鄉。

這道命令一下，老兵們幾乎不敢相信自己的耳朵；隨後，一個個熱淚盈眶，激動不已。這一來，他們反而不走了：「丞相待我們恩重如山，如今正是用人之際，我們要奮勇殺敵，報答丞相！」

老兵門的激情對在役的士兵更是莫大的鼓勵。蜀軍上下，群情激奮，士氣高昂。

四出祁山，諸葛亮雖然沒能取得預期的功績，但他設計誘殺了魏軍大將張郃，又在形勢對自己不利的情況下，平安地率領蜀軍撤退回國，這不能不說，4萬服役期滿而延役的老兵有大功在焉。

❖ 仁將——亨利·福特

亨利·福特是美國汽車大王，他將美國與全世界引向汽車時代。福特汽車公司的T型車，自一九〇八至一九二七年，一共生產1500萬輛，由此確立了福特汽車的霸主地位。

有一次，福特與兒子愛德索爾巡視工廠，愛德索爾發現許多工人對他們父子側目而視；他隱隱約約地感覺到工人們的情緒不大對勁，便在巡視後對福特談及此事。

「爸爸，你不覺得工人的情緒有些不大好嗎？」

「怎麼……有什麼問題嗎？」

「我覺得他們對我們有一些敵意，好像中間出現了一條鴻溝。這樣下去，一定會出問題的！」

「是啊！以前我經常和工人交談，現在事情多了，企業需要人照料，工人也增加了很多，我的確有些忽視。」

「爸爸，交談只是一個方面。你必須與蘇倫森先生談談。他總是加重工人的負擔，讓工人通宵達旦工作，無視於工人的要求。工人們已怨聲載道了！」

福特陷入了深思。第二天，他叫來了蘇倫森，說：「現在紅利已高達百分之兩萬，工資必須提高一下。」

蘇倫森猶豫著：「現在的工資已經很高了……那就再加0.5美元，2.5美元吧！」

福特不滿地審視著他，果斷地說：「工資增加一倍。從明天起，工人的工資，每天最低5美元。」

「什麼？你是說，把全年利潤的一半分配給職工？」

「是的，你沒有算錯，我就是要這樣做！」

在肯定勞工價值、勞資關係上，福特邁出了革命性的一步。

《紐約時報》等多家報紙都報導了福特公司日薪提升為5美元的消息，引起了極大的震動和衝擊。

然而，事情還沒有結束。

一天，福特收到一位職工之妻的來信：「福特先生，我們感謝您一天5美元的恩賜。但是，人非機器，您的作業制度毀了我的家庭！我的丈夫也需要休息……」

這封信深深困擾著福特，他只好求助於迪爾本教堂的祭司長馬吉斯：「我的做法不僅沒有達到預期的效果，反而適得其反。但不管怎樣，我希望福特公司是一家更人道、更寬厚的企業。希望您能幫助我完成這一夙願。」

在福特的真誠邀請下，馬吉斯擔任了福特公司新成立的職工福利總顧問之職。他不斷走訪職工家庭，了解職工的具體困難，再以此為基調，不斷向福特提出建議。福特十分重視職工福利，他一步一步實現他的夙願。

❖ 英國石油公司的英明抉擇

一九八一年，世界第六大石油公司——英國石油公司因管理不善，連年虧損，陷入窘境。為了扭轉這種局面，公司決定選出一位新總裁。

經過一番爭論，公司選擇了在公司已工作18年的沃爾特斯。這是一個英明的抉擇。沃爾特斯曾獲伯明翰大學商學士學位，他頭腦敏捷、博聞廣識，具有非凡的洞察力和觀察力，無私無畏、辦事果斷的良好品質。

他從公司的利益出發，上任伊始，就決定關閉一些嚴重虧損的企業並裁減人員——這是一件極其敏感的工作，許多員工為此大鬧。

沃爾特斯走到下級管理人員和員工之中，傾聽廣大員工的訴說，耐心地進行開導。坎特煉油廠關閉後，兩千多名員工無工可做，沃爾特斯坦誠地向全體員工講述了公司的窘況和關閉該廠的原因，竟然完全得到員工的諒解。在經濟大蕭條的艱難歲月，沃爾特斯領導的英國石油公司沒有發生過任何超大的波折。在西方的勞資世界，這真是一個奇蹟！

在駕馭手下「謀臣」和「將軍」方面，沃爾特斯表現出「大將」的非凡風範。英國石油公司擁有13萬名僱員，各分公司經理大權在握，「本位主義」、「宗派主義」十分嚴重。沃爾特斯公開宣稱：「經理只是公司在各地區的代表。」同時，他不斷挑選業績卓著的人去出任新公司的負責人或取代各地分公司工作不力的領導人，令各分公司的上層人物人人自危。

沃爾特斯統率的英國石油公司成功地走過坎坷，迎來新的繁榮。他有一段名言：「我的行為在很大程度上取決於我的信念——軍隊和企業有很大的相似之處，將軍和總裁所起的作用也大致相同。」

攻其無備，出其不意

原文

攻其無備，出其不意。此兵家之勝，不可先傳也。

點評

作戰是一種十分複雜的軍事行動，天時、地利、敵情，變化莫測。誰能根據戰場的具體情況，做好充分準備，誰就能掌握戰場的主動權，最終獲得勝利。反之，「有優勢而無準備」，就可能由優勢轉為劣勢，從而導致最後的失敗。

因此，有備、無備，準備得是否充分，兵家歷來極其關注。

軍事上的「攻其無備」，是指趁著敵方沒有戒備的特定時間、地點，突然實施攻擊。這種突如其來的襲擊，可以在軍事和心理上對敵方造成巨大的壓力，從而使敵方在慌亂中做出錯誤的判斷，採取錯誤的行動，以至釀成更大的惡果。

要做到「攻其不備，出其不意」，至少應該注意三點：

一、選擇適當的時間和地點，確實掌握敵方的「備」與「無備」。

二、巧妙地隱蔽自己的意圖和行動。否則，敵方有了「備」，我方反而「無備」，只能一敗塗地。

三、以迅雷不及掩耳的速度和力量突然發起攻擊。

典故名篇

❖ 不入虎穴，焉得虎子

三國後期，司馬昭分兵多路，南征蜀國。蜀將姜維在劍閣憑藉天險，與魏國鎮西大將軍鍾會苦苦對峙，一時高下難分。

魏國的另一鎮西大將軍鄧艾對鍾會說：「將軍何不派遣一支隊伍，偷渡陰平小路，奇襲成都，出其不意，攻其不備。料想姜維必回兵救援，將軍可乘機奪取劍閣。」

鍾會大笑，連稱：「妙計！妙計！」並說鄧艾是最佳人選，請他早日起兵。待鄧艾走後，鍾會不屑地說：「盛名之下，其實難符。鄧艾不過是個庸才罷了！」

原來，這陰平小路都是高山峻嶺，地形極其險要。從陰平偷渡，西蜀只要用一百人，扼住險要，再派兵阻斷進犯者的歸路，進犯者就非凍死、餓死在山裡不可。難怪鍾會對鄧艾做出這樣的評價。

鄧艾卻深信從陰平小路奇襲西蜀定能成功。他派自己的兒子鄧忠帶精兵五千充當先鋒，在前面鑿山開路，搭梯架橋；又選出精兵三萬，帶足乾糧、繩索，跟在先鋒隊伍後面，每走一百多里，就留下三千人安營紮寨，以防萬一。

魏軍在懸崖深谷中披荊斬棘，行軍二十多天，行程七百里，未見人煙。來到摩天嶺，被前方天險擋住。鄧忠對父親說：「摩天嶺西側是陡壁懸崖，無法開鑿，我軍前功盡棄了……」

鄧艾觀看了摩天嶺的地形，對眾人說：「過了摩天嶺，就是西蜀的江岫城。『不入虎穴，焉得虎子？』」說罷，他用氈子裹住自己的身軀，滾下摩天嶺。

副將們見主將率先滾下山嶺，一個個也跟著用氈子裹住身軀，滾了下去。那沒有氈子的人，用繩子束住腰，攀著樹枝，一個跟著一個往下垂落。就這樣，開山壯士及兩千兵士都過了摩天嶺。

鄧艾率領魏軍突然出現在江岫城下，守將馬邈不知魏軍是如何到來，嚇得魂不附體，不戰而降。鄧艾將陰平小路沿途軍隊接到江岫，然後揮兵直奔綿竹、成都。蜀國皇帝劉禪是個廢物，儘管城中還有數萬兵馬，還是開城投降了。

至此，西蜀滅亡。

❖ 角色互換的野生動物園

當今世界，能獲得豐厚利潤的動物園可以說寥寥無幾。原因很簡單：本地沒有的動物，必須從外地運來，或是從外國引進。這些來自不同地區的動物習性各異，必須對牠們的生活環境進行改造，需要大量資金，但門票又無法提高。

在坦桑尼亞這個擁有大片熱帶草原的國家，充足的陽光、適量的雨水，給各種各樣的熱帶動物提供了憩息的理想家園。因此，聯合國教科文組織把這片熱帶草原定為人類自然環境保護區。

儘管有如此優越的自然條件，坦桑尼亞的國家動物園仍然門庭冷落，遊客稀少。如何保護、開發這得天獨厚的自然環境？如何使動物園擺脫每年依賴政府大量補助才能勉強維持的困境？這成為坦桑尼亞國家動物園全體成員大傷腦筋的事。

一個偶然的機會，動物園的一位工作人員從報紙上的一則消息中獲得靈感：在坦桑尼亞的一個偏遠鄉村，當地居民經常遭到狼的侵襲。狼群趁住家主人不在，偷偷鑽進屋裡偷雞或其它可以吃的東西。更糟的是，當地居民一般都沒有替住房裝門的習慣，因此當主人外出，他們無法保證家中孩子的安全。

有一位女主人想出了一個好辦法。她到鐵舖裡打製了一個鐵籠子，外出時，她就把年僅兩歲的孩子鎖在鐵籠子裡。一天，從外回到家時，居然發現一隻餓狼圍著鐵籠子團團轉。她趕緊拿起一根木棍，將餓狼趕跑了。

這個工作人員從這則消息中很快領悟到：如果對動物園的遊客和所觀賞的動物進行一下角色互換，即把動物從籠子裡放出來，讓遊客坐在汽車中觀賞動物，豈不是更有趣、更具吸弓力？

他很快就把這個構想向有關負責人提出。這項建議迅即被採納並付諸實施。於是，參觀者看到了大搖大擺，擦身而過，偶爾調轉腦袋，向車窗裡張望的老虎，大象邁著優雅的步伐在森林中漫步，成群結隊的野馬在草原上奔馳，獅子睡醒後伸著懶腰。

此招一出，果真一鳴驚人，從世界各地到此感受動物真習性的遊客如潮，絡繹不絕。從此，坦桑尼亞國家野生動物園便聲名大噪，譽滿全球。

未戰先算，多算取勝

原文

夫未戰而廟算勝者，得算多也；未戰而廟算不勝者，得算少也。多算勝，少算不勝，而況於無算乎！

點評

戰爭是「力量」的較量，這種「力量」是通過一定的數量（兵力、武器裝備等）和一定的空間形式（組合、部署等）體現出來。

例如，一支擁有一千名士兵、十門火炮的軍隊，其一千名士兵作為一個整體，十門火砲集中使用，是一種效果；一千名士兵和十門火炮分散在不同的十個地區使用，又是一種效果。

因此，戰爭的決策者一定要在戰前進行周密的謀劃、對戰爭中可能出現的種種情況做出不同的估計和安排。也就是說，作戰要打有準備的仗。

但是，一個高明的統帥，並非都是在有百分之百的把握之下做出決策。如果每一次都有百分之百的把握，那統帥的「高明」也就無從體現了。

古人提出：「六十算以上為多算，六十算以下為省算。」

因此，只要有百分之六十以上的把握，就要敢於決策、行動；條件不充分，就努力創造條件，去贏得勝利。這才是高明的統帥。

典故名篇

❖ 未戰先算，巧智取勝

漢高祖劉邦在平息了梁王彭越的叛亂和殺死韓信後不久，曾為漢朝天下的建立做出重大貢獻的淮南王英布興兵反漢。劉邦向文武大臣詢問對策。汝陽侯夏侯嬰向他推薦了自己的門客薛公。

漢高祖問薛公：「英布曾是項羽手下大將，能征慣戰。我想親率大軍去平叛，你看勝敗如何？」

薛公答道：「陛下必勝無疑。」

漢高祖再問：「何以見得？」

薛公答道：「英布興兵反叛，必料到陛下會去征討他，當然不會坐以待斃。為此，有三種情況可供他選擇。」

漢高祖道：「先生請講。」

薛公稟道：「第一種情況，英布東取吳，西取楚，北併齊、魯，將燕、趙納入自己的勢力範圍，然後固守自己的封地以待陛下。這樣，陛下奈何不了他，這是上策。」

漢高祖忙問：「第二種情況又如何？」

「東取吳，西取楚，奪取韓、魏，保住敖倉的糧食，以重兵守衛成皋，斷絕入關之路。如果他這樣做，誰勝誰負，只有天知道。這是第二種情況，乃為中策。」

漢高祖道：「先生既認為朕能獲勝，英布自然不會用此二策。那麼，下策呢？」

薛公不慌不忙地說：「東取吳，西取下蔡，將重兵置於淮南。我料英布必用此策——陛下長驅直入，定能大獲全勝。」

漢高祖面現悅色，問道：「先生如何知道英布必用此下策？」

薛公回道：「英布本是驪山的一個刑徒（被剝奪一定時期自由的徒刑罪犯），雖有萬夫不當之勇，但目光短淺，只知道為一時的利害謀劃。所以，我料他必出此下策！」

漢高祖連連贊道：「好！好！英布的為人，朕也並非不知，先生的話可謂一語中的！朕封你為千戶侯！」

「謝陛下！」薛公慌忙跪下，謝恩。

漢高祖封薛分為千戶侯，又賞賜他許多財物，然後於這一年（公元前一九六年）10月，親率12萬大軍征討英布。

果然，英布在叛漢之後，首先興兵擊敗受封於吳地的荊王劉賈，又打敗楚王劉交，然後把軍隊布防在淮南一帶。

漢高祖戎馬一生，南征北戰，也深諳用兵之道。雙方的軍隊在蘄西（今安徽宿縣境內）相遇。高祖見英布的軍隊氣勢很盛，於是採取了堅守不戰的策略。待英布的軍隊疲憊，再金鼓齊鳴，揮師急進，殺得英布落荒而逃。

英布逃到江南，被長沙王吳芮的兒子設計殺死。於是，一場叛亂終於平定。

❖雷・克羅克的運算規則

雷・克羅克是美國麥當勞連鎖店的創始人，他的成功建立在他的兩個運算規則上：

企業成果＝原材料×設備×人力

人力＝人數×能力×態度

在這兩個公式中，他用的是「×」，而不是「＋」。即表明如果某一因素為「零」，則所有的結果都為「零」。有了這兩個公式作基礎，麥當勞快餐店就向著目標奮進。因為如果每個單項越高，它們的乘積就會越大。

克羅克一直諄諄教導各個部門的經理，儘量使連鎖店的生存與發展呈現完美的狀態。為此，他還在一九六三年成立了漢堡大學，校方負責訓練、審核「麥當勞」加盟店的經理，並進行有關「SQC」基本原則的培訓。學校的學生人數平均每班25～30人，每年上課16～20周。克羅克所挑選的經理必須接受過漢堡大學的專門訓練，獲得「漢堡學」的學士學位。他還要求新進職員必須進行為期10天的訓練後才能擔任店員。

他之所以這樣做，是為了使職員更了解麥當勞的運算規則，從一開始便打下成功的基礎。而且，為了使快餐店運作得更好，經過周密的籌劃，他使店員能在50秒鐘內製作出一塊牛肉餅、一盒炸薯條和一杯飲料。他是如何做到的呢？

原來，他看到餐館經常浪費大量不太新鮮的食品，有時卻又供不應求。為了克服這一矛盾，他在餐廳專門設置了生產控制員。根據觀察的情況，向製作烤肉，飲料和炸薯條的師傅喊出生產數量。這樣，廚師就可以根據他喊的數量生產加工，顧客就能在50秒鐘內吃到熱氣騰騰的漢堡包，不致出現生產過剩的情形。

因為雷・克羅克的這些遠見，終於使麥當勞快餐店大獲成功。

❖ 白蘭地「遠征」美國

法國的白蘭地酒歷史悠久，酒味醇厚。但是，到了20世紀50年代，白蘭地仍然沒能夠打入美國市場。

一九五七年10月14日是美國總統艾森豪威爾的67歲生日。法國商人把目光盯住這個日子，下決心要趁此良機，把自己的白蘭地酒打入美國市場。

法國商人制定了一個完美無瑕的計畫。他們致函美國有關人士：法國人民為了表示對美國總統的友好感情，將選贈兩桶極名貴、釀造已有67年之久的白蘭地酒作為賀禮。這兩桶酒將由專機運送，白蘭地公司將為此支付巨額保險金，並舉行隆重的贈送儀式。

美國新聞界將這一消息如實地報導出去。於是，在艾森豪威爾總統壽辰之前的一段日子，兩桶白蘭地法國名酒便成了美國人——特別是首都華盛頓的市民津津樂道的話題。而且，市民們越喜歡談論，美國的各種傳播媒介越是推波助瀾。白蘭地尚未到美國，美國人早已躍躍欲試，思之若渴了。

白蘭地運抵華盛頓，舉行贈送儀式之時，市民們趨之若鶩，盛況空前。新聞界更不甘寂寞，有關贈送白蘭地酒儀式的各種專題報導、新聞照片無處不見，令感情豐富的法國人和美國人激動不已。

聰明的法國商人終於如願以償，將法國白蘭地堂而皇之地打入了美國市場……

作戰篇

原文

孫子曰：凡用兵之法[1]，馳車千駟[2]，革車千乘[3]，帶甲[4]十萬，千里饋糧[5]，則內外[6]之費，賓客之用[7]，膠漆之材[8]，車甲之奉[9]，日費千里[10]，然後十萬之師舉[11]矣。

其用戰也勝[12]。久則鈍兵挫銳[13]，攻城則力屈[14]，久暴師則國用不足[15]。夫鈍兵挫銳，屈力殫貨[16]，則諸侯乘其弊而起[17]，雖有智者，不能善其後矣[18]。故兵聞拙速，未睹巧之久也[19]。夫兵久而國利者，未之有也[20]。故不盡知[21]用兵之害[22]者，則不能盡知用兵之利[23]也。

善用兵者，役不再籍[24]，糧不三載[25]；取用於國[26]，因糧於敵[27]，故軍食可足也。

國之貧於師者遠輸[28]，遠輸則百姓貧。近於師者貴賣[29]，貴賣則百姓財竭，財竭則急於丘役[30]。力屈、財殫，中原內虛於家[31]。百姓之費，十去[32]其公；公家之費[33]，破車罷馬[34]，甲胄矢弩[35]，戟楯蔽櫓[36]，丘牛大車[37]，十去其六。

故智將務食於敵[38]。食敵一鍾[39]，當吾二十鍾；萁稈（即萁稈，一種草，似荻而細）一石[40]，當吾二十石。

故殺敵者，怒也[41]；取敵之利者，貨也[42]。故車戰，得車十乘已上[43]，賞其先得者，而更其旌旗[44]，車雜而乘之[45]，卒善而養之[46]，是謂勝敵而益強[47]。

故兵貴勝㊽，不貴久。

故知兵之將㊾，生民之司命㊿，國家安危之主也51。

注釋

①用兵之法：法，規律、法則。

②馳車千融：戰車千輛。馳，奔、驅的意思；馳車即快速輕便的戰車。馳，原指一車套四馬。這裡作量詞用，千駟即千輛戰車。

③革車千乘：用於運載糧草和軍需物資的越重車千輛。革車，用皮革縫製的篷車，是古代的重型兵車：王要用於運載糧秣、軍械等軍需物資。乘，輛。

④帶甲：穿戴盔甲的士兵。此處泛指軍隊。

⑤千里饋糧：饋，饋送、供應。意為跋涉千里，輾轉運送糧食。

⑥內外：內，指後方；外，指軍隊所在地，即前方。

⑦賓客之用：指與各諸侯國使節往來的費用。

⑧膠漆之材：通指製作和維修弓矢等軍用器械的物資材料。

⑨車甲之奉：泛指武器裝備的保養、補充、開銷。車甲，車輛、盔甲。奉，同「俸」，指費用。

⑩日費千金：每天都要花費大量財力。金，古代計算貨幣的單位，一金為一鎰（二十兩或二十四兩），千金即千鎰。泛指開

支巨大。

⑪舉：出動。

⑫其用戰也勝：勝，取勝；這裡作速勝解。意謂在戰爭耗費巨大的情況下用兵打仗，要求做到速決速勝。

⑬久則鈍兵挫銳：言用兵曠日持久，就會造成軍隊疲憊，銳氣挫傷。鈍，疲憊、困乏的意思。挫，挫傷。銳，銳氣。

⑭力屈：力量耗盡。屈，竭盡、窮盡。

⑮久暴師則國用不足：長久陳師於外，就會給國家經濟造成困難。暴，同「曝」，意為露在日光下，此處指在外作戰。國用，國家的開支。

⑯屈力殫貨：殫，枯竭。貨，財貨；此處指經濟。此言力量耗盡，經濟枯竭。

⑰諸侯乘其弊而起：其他諸侯便會利用這種危機進攻。弊，疲困；此處作危機解。

⑱雖有智者，不能善其後矣：即便有智慧超群的人，也無法挽回既成的敗局。後，後事；此處指敗局。

⑲兵聞拙速，未睹巧之久也：拙，笨拙、不巧。速，迅速取勝。巧，工巧、巧妙。言用兵打仗，寧肯指揮笨拙而求速勝，而沒見過為求指揮巧妙而使戰爭長期拖延的。

⑳夫兵久而國利者，未之有也：長期用兵而有利於國家的情況，從未見過。

㉑不盡知：不完全了解。

㉒害：危害、害處。

㉓利：利益、好處。

㉔役不再籍：役，兵役。籍，本義為名冊；此處用作動詞，即登記、徵集。再，二次。意即不二次從國內徵集兵員。

㉕糧不三載：三，多次。載，運送。即不多次從本國運送軍糧。

㉖取用於國：指武器、裝備等從國內取用。

㉗因糧於敵：因，依靠。糧草給養取於敵國，就地解決。

㉘國之貧於師者遠輸：之，虛詞，無實義。師，指軍隊。遠輸，遠道運輸。此句意為：國家之所以因用兵而導致貧困，是由於軍糧的遠道運輸。

㉙近於師者貴賣：近，臨近。貴賣，指物價飛漲。意為：臨近軍隊駐紮點的地區，物價會飛漲。

㉚急於丘役：急，在這裡，有加重之意。丘役，軍賦。古代按丘為單位徵集軍賦，一丘為一百二十八家。

㉛中原內虛於家：中原，此處指國中。此句意為：國內百姓之家因遠道運輸而淪為貧困、空虛。

㉜去：耗去、損失。

㉝公家之費：公家，國家。費，費用、開銷。

㉞破車罷馬：罷，同「疲」。罷馬，疲憊不堪的馬匹。

㉟甲胄矢弩：甲，護身鎧甲。胄，頭盔。矢，箭。弩，弩機；一

種依靠機械力量射箭的弓。

㊱戟楯蔽櫓：戟，古代戈、矛功能合一的兵器。楯，楯牌，作戰時用於防身。蔽櫓，用於攻城的大盾牌。甲胄矢弩、戟楯蔽櫓，是對當時攻防兵器與裝備的泛指。

㊲丘牛大車：丘牛，從丘役中徵集來的牛。大車，指載運�重的牛車。

㊳智將務食於敵：智將，明智的將領。務，務求、力圖。意為明智的將帥必然設法就食於敵國。

㊴鍾：古代的容量單位，每鍾六十四斗。

㊵萁秆一石：萁秆，泛指馬、牛等牲畜的飼料。石，古代的容量單位；三十斤為一鈞，四鈞為一石。

㊶殺敵者，怒也：怒，激勵士氣。言軍隊英勇殺敵，關鍵在於激勵部隊的士氣。

㊷取敵之利者，貨也：利，財物。貨，財貨；此處指用財貨獎賞之意。句意為：若要使軍隊勇於奪取敵人的財物，就要先用財貨獎賞。

㊸已上：已，同「以」。「已上」，即「以上」。

㊹更其旌旗：更，更換。意為把繳獲的敵方車輛上的敵旗更換成我軍的旗幟。

㊺車雜而乘之：雜，摻雜、混合。乘，駕、使用。意為將繳獲的敵方戰車和我方車輛混雜在一起，用於作戰。

㊻卒善而養之：卒，俘虜、降卒。言優待被俘的敵軍士兵，使之為己所用。

㊼是謂勝敵而益強：在戰勝敵人的同時，使自己更加強大。

㊽貴：重在、貴在。

㊾知兵之將：知，認識、了解。指深刻理解用兵之法的優秀將帥。

㊿生民之司命：生民，泛指一般民眾。司命，星名。傳說此星主宰生死；此處引申為命運的主宰。

51國家安危之主：國家安危存亡的主宰者。主，主宰之意。

譯文

孫子說：凡興師打仗，通常的規律是：要動用輕型戰車千輛，重型戰車千輛，軍隊十萬，並越境千里，運送軍糧。前方、後方的經費，款待列國使節的費用，維修器材的消耗，車輛兵甲的開銷，每天耗資巨大，然後十萬大軍才能出動。

用這樣大規模的軍隊作戰，就必須速勝。曠日持久，會使軍隊疲憊，銳氣受挫。攻打城池，會使兵力耗竭；軍隊長期在外作戰，會使國家財力不繼。如果軍隊疲憊、銳氣挫傷、實力耗盡、國家經濟枯竭，諸侯列國就會乘此危機，發兵進攻。屆時，即使有足智多謀的人，也無法挽回危局了。所以，在軍事上，只聽說過指揮雖拙但求速勝的情況，而沒有見過為講究指揮工巧而追求曠日持久的現象。戰事久拖不決而對國家有利的情形從未見過。所以，不了解用兵之弊的人，就無法真正理解用兵之道。

善於用兵打仗的人，兵員不二次徵集，糧草不多次運送。武器裝備由國內提供，糧食給養在敵國補充。這樣，軍隊的糧草供給就充足了。

國家之所以因用兵而導致貧困，就是由於遠道運輸。軍隊遠征，遠道運輸，就會使百姓陷於貧困；臨近駐軍的地區，物價必定飛漲，物價飛漲，就會使得百姓之家資財枯竭，財產枯竭，就必然導致加重賦役。力量耗盡，財富枯竭，國內便家家空虛，百姓的財產將會耗去十分之七；國家的財產，也會由於車輛的損壞，馬匹的疲敝，盔甲、箭弩、戟盾、大櫓的製作和補充以及丘牛大車的徵調，消耗掉十分之六。

所以，明智的將帥總是務求在敵國解決糧草的供給。消耗敵國一鍾糧食，等於從本國運送二十鍾；耗費敵國一石草料，相當於從本國運送二十石。

要使軍隊英勇殺敵，就應激發士兵同仇敵愾的士氣；想奪取敵人的軍需物資，就必須借助於物質獎勵。所以，在車戰中，凡是繳獲戰車十輛以上的，就獎賞最先奪得戰車的人，並換上我軍的旗幟，混合編入己方的戰車行列。對於戰俘，要優待和保證供給。這樣一來，愈是戰勝敵人，自己也就愈是強大。

因此，用兵打仗貴在速戰速決，而不宜曠日持久。

所以說，懂得用兵之道的將帥，是民眾生死的掌握者，國家安危存亡的主宰。

講解

本篇名曰「作戰」。作，《廣雅・釋詁》云：「作，始也。」因此，「作戰」乃是指戰事之始，即戰前的各項準備，而並不是平常所說的交戰之意。篇中內容主要論述了戰爭對於人力、物力、財力的依賴關係，提出了「兵貴勝，不貴久」的論斷。

首先，孫子通過速戰之利和久戰之害的規律，提出「速勝」觀點，而且重在講害。因此，「巧久」不可取，務求「拙速」。這裡，經濟與戰爭聯繫起來了。同時，戰爭也是消耗國家財富的重要原因，甚至會導致諸侯並起，國家分崩。所以，孫子主張速戰速決。這一謀略在現代市場競爭中的影響尤為深遠。

其次，孫子還注意到運輸之害，而後方補給又是戰爭之源、勝利之本。如何解決這對矛盾？他提出了「因糧於敵」的主張，即利用敵國的糧草滿足己方的需要。這樣做，不但削弱了敵方的力量，也大大減輕本國人民的負擔。將「智將務食於敵」的道理推而廣之，又得出「以戰養戰」、「就地取材」等等計謀。

就地取材，以戰養戰

原文

故智將務食於敵。食敵一鍾，當吾二十鍾；萁稈一石，當吾二十石。

點評

戰爭之消耗，有賴於經濟之支撐。

「作戰，第一要素是錢，第二要素是錢，第三要素還是錢。」

諸葛亮六出祁山，屢戰屢敗，屢敗屢戰，其失敗的一個重要原因就在於糧草供應不上。縱觀古代歷次著名戰役，為將者無不視後勤補給（特別是糧草）為生命之源、勝利之本。

孫子為解決後方補給和戰場需要的矛盾，提出了「就地取材，以戰養戰」的措施——後勤補給在作戰的敵國就地解決，可極大地減輕本國的財政開支和人民負擔，使戰爭能夠按照己方的意圖，順利地進行下去。

典故名篇

❖兵出隴上，搶割新麥

公元二三一年2月，諸葛亮率10萬大軍四出祁山伐魏。司馬懿率張郃、費曜等大將迎戰。

諸葛亮兵至祁山，見魏軍早有防備，便對眾將說：「孫子曰：『重地則掠。』也就是說，深入敵人的腹地，就要掠取敵人的糧秣補充自己。如今，我們的糧草供應不上，我估計隴上的麥子已經熟了，我們可以祕密派兵去搶割。」他留下王平、張嶷等人守衛祁山大營，自己則率領姜維、魏延等將領直奔上邽。

司馬懿率大軍趕到祁山，蜀軍並不出戰。他心中疑惑，忽聞有一支蜀軍徑往上邽而去，恍然大悟，急忙引軍往援上邽。

諸葛亮趕到上邽，魏將費曜率兵出城迎戰。姜維、魏延奮勇向前，費曜被打得大敗而逃。諸葛亮乘機命令三萬精兵，手執鐮刀、馱繩，把隴上的新麥一割而光，然後運到鹵城打曬。

司馬懿技遜一籌，失去了隴上的新麥，心中不甘，便與副都督郭淮引兵前往鹵城偷企圖奪回新麥，擒拿諸葛亮。不料，諸葛亮早有防備。他讓姜維、魏延、馬忠、馬岱四將各帶二千人馬埋伏在鹵城東西的麥田之內，等魏兵抵達鹵城城下，一聲炮響，伏兵四起；他自己也大開城門，從城內殺出。司馬懿拼力死戰，才得以突出重圍。

司馬懿接連受挫，轉而採取據險而守，絕不出戰的方針。諸葛亮求戰不得，眼看搶來的麥子也即將吃完，只好下令退兵。

魏將張郃領兵急追。追至劍閣木門，只聽一聲梆子響，早已埋伏在峭壁懸崖上的蜀軍萬箭齊發，張郃及其率領的百餘名部將全死於亂箭之中。

諸葛亮第四次伐魏雖然沒有實現預定目標，但因採用了「重地則掠」的策略，避免了斷糧的危險，並且平安地退回本土；而魏國不但損失了隴上的新麥，還折損了一員能征慣戰的大將張郃。

❖「世界拉鏈王國」的經營訣竅

日本吉田興業會社享有「世界拉鏈王國」的美稱，在全世界45個國家建有五十多家拉鏈工廠，僱用外籍員工九千多人。

吉田興業會社的創辦人和總經理吉田忠雄頗有戰略眼光。創業之後，鑑於日本本土市場有限，他把目光轉向國外。吉田忠雄是日本製造商進軍海外的先鋒。他不辭辛苦，千里迢迢，到各國考察，大膽地在國外投資，創建新的拉鏈工廠。經過幾年的實踐，吉田忠雄總結了在印尼、印度、紐西蘭等國辦廠的經驗，堅定了在國外投資建廠的信心。他看出，在國外建廠，至少有如下的好處：第一，可充分利用當地的廉價勞動力；第二，就地生產，就地銷售，可大幅度降底生產成本；第三，與生產國減少許多貿易磨擦；第四，在經營中貫徹「向當地人讓利，讓當地人參與經營」的方針，贏得當地人的信任和好感，減少了「會社」與生產國政府之間的衝突。

正是基於這種認識，吉田忠雄才孜孜不倦又充滿信心地在海外投資，建起一家又一家各種規模的拉鏈工廠。

現在，吉田興業的產品佔有日本拉鏈市場的90％以上，美國拉鏈市場的35％以上，年銷售額超過10億美元。

❖「讓全世界的人都能喝上可口可樂！」

可口可樂是早在第二次世界大戰以前就已問世的一種軟性飲料。第二任可口可樂公司董事長伍德魯夫曾提出一個宏偉的目標：「要讓全世界的人都能喝上可口可樂！」

全世界的人都喝？美國能生產出那麼多嗎？再者，有多少人願意喝呢？

伍德魯夫不愧是個精明的實幹家。「要讓全世界的人都喝」，首先就得「讓全世界的人都知道」——時逢二次大戰，美國幾乎出兵世界各地。於是，伍德魯夫設法讓美國士兵帶上國產可口可樂奔赴世界各地。沒多久，全世界就傳遍了可口可樂的「大名」。

但是，要滿足「全世界」的需要，美國本土能生產出多少？即使能生產出來，運費也付不起呀！

伍德魯夫的對策是：實行「當地主義」。

他在「當地」設工廠，在「當地」招募工人，在「當地」籌措資金。換句話說，除了可口可樂的祕密配方之外，所有製造可口可樂的機器、廠房、人員及銷售，都由「當地」人解決，可口可樂總公司只派一名全權代表主持有關工作。

雖然「全世界的人」還未能「都喝上可口可樂」，但可口可樂確實已打開了「全世界」的市場。

兵貴神速，以快制勝

原文

故兵貴勝，不貴久。

點評

關於「兵貴神速」的觀點，《孫子兵法》中曾多次論述。如《九地篇》說：「兵之情主速。」意思是：用兵之理，貴在神速。

由於戰爭受到人力、物力、財力的約束，戰爭拖得太長，必然引起人力、物力、財力的大量消耗，由此而產生的一系列矛盾必將日益尖銳。所以，作戰宜速勝。

另一方面，從戰術的實施上看，神速出擊，往往能打敵人一個措手不及，令其防不勝防，從而大獲全勝。

典故名篇

❖ 曹操神速破烏桓

袁紹兵敗官渡，嘔血死去，他的兩個兒子袁熙、袁尚投奔了烏桓的蹋頓單于，意圖東山再起。曹操為鞏固北部邊疆，消滅蹋頓和二袁，於公元二〇七年親自率兵遠征烏桓。但是，由於曹軍人馬多，糧草輪重也多，行軍速度大打折扣，走了一個多月才到達易城（今河北雄縣西北）。

謀士郭嘉對曹操說：「兵貴神速。只有迅速接近敵人，深入敵境，打敵人一個措手不及，才能取勝。像這樣慢騰騰地往前走，敵人以逸待勞，又早早做好了準備，怎麼能輕易打敗敵人呢？」

曹操接受了郭嘉的意見，親率幾千精兵，日夜兼程，在崎嶇的山路中行軍五百多里，突然出現在距蹋頓的老窩柳城僅一百里的白狼山，與蹋頓的幾萬名騎兵遭遇。

烏恆騎兵未料到會在自家門口與敵人遭遇，驚得茫然失措。曹軍見敵我數量懸殊，知道只能拼死一戰，或許還有活路，因此人人拼死戰鬥，無不以一當十。戰鬥空前慘酷，曹軍幾千人馬死傷大半，但蹋頓及其部下將領死的死、傷的傷，終於大敗。

袁熙、袁尚聽到蹋頓陣亡的消息，帶領隨從逃出烏恆，投奔了遼東太守公孫康。不久，被公孫康設計殺死。北部邊疆從此安定下來。

❖「健力寶」神速出擊，走向世界

一九八四年4月，「健力寶」飲料剛剛試製成功，尚未裝罐，廠長李經緯突然獲得一個信息：亞洲足球聯合會在廣州白天鵝賓館舉行會議。他決心抓住這個契機，把健力寶推向世界。

但是，此時距會議召開還不到十天。

李經緯帶領幾名助手趕到深圳，用有限的外匯，從香港買入一批空易拉罐，又請深圳百事可樂的工人利用下班的空隙，將隨身帶去的健力寶飲料迅速裝罐，終於搶在亞足聯會議開會前，把一百箱包裝精美的易拉罐健力寶送到會議桌上。健力寶飲料受到與會人士的好評，並伴隨這些人的足跡，走向世界。

僅僅過了三個月，李經緯又用同樣的方法，把3萬箱罐裝健力寶送入第23屆洛杉磯奧運會奧林匹克村。

時逢中美女排冠亞軍爭奪戰。一位細心的日本記者發現：每當暫停的時候，中國女排隊員喝的不是可口可樂，而是「健力寶」。這位記者靈機一動，當即向東京新聞社發出一條獨家新聞：「中國靠『魔水』加快出擊。」他在文章中憑直覺寫道：「中國隊加快出擊的背後有一種『魔水』在起作用。喝上一口這種『魔水』，馬上就精力充沛。這是一種新型飲料，很可能在運動飲料方面引起一場革命……」

幾乎與此同時，在美國俄勒岡州尤金市舉行的奧林匹克科學大會上，中國科學家面對50多個國家和地區的學界人士，朗聲宣讀了「吸氧配合口服電解飲料健力寶，消除運動性疲勞」的學術論文。

「健力寶」迅速走向世界，為世人所矚目。短短三年，健力寶飲料的產值就超過了1億元。

❖「快譯通」快速出擊得天下

「快譯通」指的是香港譚偉豪、譚偉棠兄弟創立的「權智有限公司」所推出的「快譯通」電子翻譯辭典。

一九八八年6月，譚氏兄弟以幾年打工賺下的20萬港元為資本，創辦了權智有限公司。譚偉豪從美國市場流行的一種體積小、蓄存的詞彙多、便於攜帶的英文辭典受到啟發，決心研製一種體積小而薄、詞彙多而全的電子英漢辭典，以適應中國人及世界華人地區學習英語的需求。

經過9個月的努力，香港第一部漢英電子翻譯辭典——「快譯通」EC1000問世，半年時間就銷售出10萬部。初戰成功，給了譚氏兄弟很大的信心。他們獨資在深圳建立生產基地，聘用了八百多名員工，迅速將「快譯通」推向世界。

譚氏兄弟的成功引起了電子商的關注，他們紛紛把自己的同類產品拿到香港，競爭十分激烈。譚氏兄弟認識到：只有不斷更新產品，搶先一步開拓市場，才能佔領市場。否則，只能被人擠出市場。為此，他們對外國的新研究成果格外關注，經常參加各種學術研討會，與香港的各家大學保持良好的關係，設法取得轉讓技術或與競爭對手合作開發新技術——權智公司的產品因此總是能夠領先一步。一九八九年至今，其產品一年甚至幾個月就會推陳出新，令許多參與競爭的對手不得不偃旗息鼓，甘拜下風。

譚氏兄弟的「快譯通」電子辭典只能作單詞或一般性常用詞組的翻譯，兄弟倆為開發能全句翻譯的新產品絞盡了腦汁。一九九一年12月，譚偉豪在一個電腦軟體展覽會上聽聞大陸中科院電腦所的研究人員已研製出「人工智能機譯系統」，立刻找到中科院有關人員，商討共同開發這項新產品。不到一年，運用人工智能進行邏輯推理的全句翻譯發聲電子辭典「快譯通」863A面世，再次領先一步，開拓了新市場。

謀攻篇

原文

孫子曰：凡用兵之法，全國為上，破國次之①；全軍為上，破軍次之；全旅為上，破旅次之；全卒為上，破卒次之；全伍為上，破伍次之②。是故百戰百勝，非善之善者也③；不戰而屈人之兵，善之善者也④。

故上兵伐謀⑤，其次伐交⑥，其次伐兵⑦，其下攻城。攻城之法⑧，為不得已⑨。修櫓轒轀⑩，具器械⑪，三月而後成，距闉⑫又三月而後已⑬。將不勝其忿，而蟻附之⑭，殺士三分之一而城不拔者⑮，此攻⑯之災也。

故善用兵者，屈人之兵，而非戰也⑰；拔人之城，而非攻也⑱；毀人之國，而非久也⑲。必以全爭於天下⑳，故兵不頓，而利可全㉑，此謀攻之法也㉒。

故用兵之法，十則圍之㉓，五則攻之，倍則分之㉔，敵則能戰之㉕，少則能逃之㉖，不若則能避之㉗。故小敵之堅，大敵之擒也㉘。

夫將者，國之輔也㉙，輔周則國必強㉚，輔隙則國必弱㉛。

故君之所以患於軍者三㉜：不知軍之不可以進，而謂之進㉝；不知軍之不可以退，而謂之退；是謂縻軍㉞。不知三軍之事，而同三軍之政者㉟，則軍士惑矣㊱；不知三軍之權，而同三軍之任㊲，則軍士疑矣。三軍既惑且疑，則諸侯之難至矣，是謂亂軍引勝㊳。

故知勝有五。知可以戰與不可以戰者勝；識眾寡之用者勝㊴；上下同欲者勝㊵；以虞待不虞者勝㊶；將能而君不御者勝㊷。此五者，知勝之道也㊸。

故曰：知彼知己者，百戰不殆㊹；不知彼而知己，一勝一負㊺；不知彼，不知己，每戰必殆。

注釋

①全國為上，破國次之：全，完整。國，春秋時，主要指都城，或者還包括外城及周圍地區。破，攻破、擊破。此句是說：以實力為後盾，迫使敵方城邑完整地降服為上策；通過交鋒，攻破敵方城邑則稍差些。

②軍、旅、卒、伍：春秋時軍隊的編制單位。一萬二千五百人為軍，五百人為旅，百人為卒，五人為伍。

③非善之善者也：不是好中最好的。

④不戰而屈人之兵，善之善者也：屈，使役動詞，屈服、降服。此句說：不戰而使敵人屈服，才能說是高明中最高明的。

⑤上兵伐謀：上兵，上乘用兵之法。伐，進攻、攻打。謀，謀略。伐謀，以謀略攻敵贏得勝利。此句意為：用兵的最高、境界是用謀略戰勝敵人。

⑥其次伐交：交，交往；此處指外交。伐交，即進行外交鬥爭，以爭取主動。當時的外交鬥爭，主要表現為運用外交手段，瓦

解敵國的聯盟，擴大、鞏固自己的盟國，孤立敵人，迫使其屈服。

⑦伐兵：通過軍隊之間的交鋒一決勝負。兵，軍隊。

⑧攻城之法：法，辦法、做法。

⑨為不得已：言實出無奈而為之。

⑩修櫓轒轀（音奔溫）：製造大盾和攻城的四輪大車。修，製作、建造。櫓，藤革等材料製成的大盾牌。轒轀，攻城用的四輪大車，用桃木製成，外蒙生牛皮，可容納兵士十餘人。

⑪具器械：具，準備。意為準備攻城用的各種器械。

⑫距闉（音因）：距，通「具」，準備。闉，通「堙」，土山。為攻城做準備而堆積土山。

⑬又三月而後已：已，完成、竣工之意。

⑭將不勝其忿而蟻附之：勝，克制、制服。忿，憤懣、惱怒。蟻附之，指驅使士兵像螞蟻般爬梯攻城。

⑮殺士三分之一而城不拔者：士，士卒。殺士三分之一，即使三分之一的士卒被殺。拔，攻佔城邑或軍事據點。

⑯攻：此處指攻城。

⑰屈人之兵，而非戰：言不採用直接交戰的辦法而迫使敵人屈服。

⑱拔人之城，而非攻也：意為奪取敵人的城池而不靠硬攻的辦法。

⑲毀人之國，而非久也：非久，不必曠日持久。指滅亡敵國，毋需曠日持久。

⑳必以全爭於天下：全，即上言「全國」、「全軍」、「全旅」、「全卒」、「全伍」之「全」。此句意為：一定要根據全勝的戰略，爭勝於天下。

㉑故兵不頓，而利可全：頓，同「鈍」，指疲憊、挫折。利，利益。全，保全、萬全。

㉒此謀攻之法也：這就是以謀略勝敵的最高標準。法，標準、準則。

㉓十則圍之：兵力十倍於敵，就包圍敵人。

㉔倍則分之：倍，多一倍。分，分散。有一倍於敵人的兵力，就設法分散敵人，造成局部上的更大優勢。

㉕敵則能戰之：敵，指兵力相等，勢均力敵。能，乃、則的意思；此處與則合用，以加重語氣。此句言：如果敵我力量相當，則當勇於抗擊、對峙。

㉖少則能逃之：少，兵力少。逃，逃跑、躲避。

㉗不若則能避之：不若，不如。指實際力量不如敵人，就要懂得避開。

㉘小敵之堅，大敵之擒也：小敵，弱小的軍隊。之，助詞。堅，堅定、強硬；此處指固守硬拼。大敵，強大的敵軍。擒，捉拿；此處指俘虜。弱小的部隊堅持硬拼，就會被強大的敵人所

俘虜。

㉙國之輔也：國，指國君。輔，原意為輔木；這裡引申為輔助、助手。

㉚輔周則國必強：言輔助周密，相依無間，國家就強盛。周，周密。

㉛輔隙則國必弱：輔助有缺陷，國家必弱。隙，縫隙；此處指有缺陷、不周全。

㉜君之所以患於軍者三：君，國君。患，危害。意為國君危害軍隊行動的清況有三種。

㉝謂之進：謂，使的意思。即「使（命令）之進」。

㉞是謂縻軍：這叫作束縛軍隊。縻，束縛、羈縻。

㉟不知三軍之事，而同三軍之政者：不了解軍事而干預軍隊的行政命令。三軍：泛指軍隊。春秋時，大的諸侯國設三軍，有的為上、中、下三軍，有的為左、中、右三軍。同，此處是參與、干預的意思。政，政務；這裡專指軍隊的行政事務。

㊱軍士惑矣：軍士，指軍隊中的士卒。惑，迷惑、困惑。

㊲不知三軍之權，而同三軍之任：不知軍隊行動權變靈活的性質，而直接干預軍隊的指揮。權，權變、機動。任，指揮、統率。

㊳是謂亂軍引勝：亂軍，擾亂軍隊。引，失去之意。此言自亂陣腳，失去勝機。

㊴識眾寡之用者勝：善於根據雙方兵力的對比情況，採取正確的戰略，就能取勝。眾寡，指兵力的多少。

㊵上下同欲者勝：上下同心協力的能夠獲勝。同欲，意願一致，齊心協力。

㊶以虞待不虞者勝：自己有準備，對付沒有準備之敵，則能得勝。虞，有準備。

㊷將能而君不御者勝：將帥有才能而國君不加掣肘的能夠獲勝。能，有才能。御，原意為駕御，這裡指牽制、制約。

㊸知勝之道也：認識、把握勝利的規律。道，規律、方法。

㊹殆：危險、失敗。

㊺一勝一負：即勝負各半。指沒有必勝的把握。

譯文

孫子說：戰爭的一般指導原則是：使敵人舉國投降為上策，擊破敵國就略遜一籌；使敵人全軍降服為上策，擊潰敵人之軍隊就略遜一籌；使敵人全旅降服為上策，打垮敵人之旅就略遜一籌；使敵人全卒（百人為卒）降服為上策，打垮其卒就次一籌；使敵人的全伍降服為上策，用武力擊潰其伍就次一籌。因此，百戰百勝，並不是高明中最高明的；不經交戰而能使敵人屈服，這才算是高明中最高明的。

所以，用兵的上策是以謀略戰勝敵人，其次是挫敗敵人的外交聯盟，再次是直接與敵人交戰，擊敗敵人的軍隊，下策則是攻打敵人的城池。選擇攻城的做法實出於不得已。製造攻城的大盾和四輪大車，準備攻城的器械，費時數個月才能完成；而構築用於攻城的土山，又要花費幾個月才能完工。如果主將難以克制憤怒與焦躁的情緒，強迫驅使士卒像螞蟻一樣去爬梯攻城，結果士卒損失了三分之一，城池卻未能攻克，這就是攻城帶來的災難。

所以，善於用兵的人，使敵人屈服而不靠交戰，攻佔敵人的城池而不靠強攻，毀滅敵人的國家而不靠久戰。一定要用全勝的戰略爭勝於天下。這樣，既不致使自己的軍隊疲憊受挫，又能取得圓滿、全面的勝利。這就是以謀略勝敵的方針。

因此，用兵的原則是：擁有十倍於敵的兵力就包圍敵人，擁有五倍於敵的兵力就進攻敵人，擁有兩倍於敵的兵力就設法分散敵人，兵力與敵相當就要努力抗擊敵人，兵力少於敵人就要退卻，兵力遠弱於敵人就要避免決戰。需知，弱小的軍隊如果一直堅守硬拼，就勢必成為強敵的俘虜。

將帥是國君的助手，輔助周密，國家就一定強盛；輔助有問題，國家就一定衰弱。

國君危害軍事行動的情況有三種：不了解軍隊不能前進而硬是迫使軍隊前進，不了解軍隊不能後退而硬是逼使軍隊後退，這叫束縛軍隊；不了解軍隊的內部事務，而去干預軍隊的行政，就會使得將士困惑；不懂得軍事上的權宜機變，而去干涉軍隊的指揮，就會使得將士產生疑慮。軍隊既困惑又心存疑慮，諸侯列國乘機進犯的災難也就隨之降臨。這叫自亂其軍，自取滅亡。

預知勝利的情況有五種：知道可以打或不可以打者，能夠勝利；了解兵多和兵少的不同用法者，能夠勝利；全軍上下意願一致者，能夠勝利；以有準備之師與未準備之敵接戰者，能夠勝利；將帥有才能而國君不加掣肘者，能夠勝利。凡此五條，就是預知勝利的方法。

所以說：既了解敵人，又了解自己，百戰不危；雖不了解敵人，但了解自己，有時能勝，有時會敗；既不了解敵人，又不了解自己，每次用兵都會陷入危險。

講解

謀者，計謀、籌策也。本篇名為「謀攻篇」，其核心就是講如何運用謀略以取得勝利。

這裡的「謀」，可指軍事戰略、戰術謀略等，目的即通過「不戰之戰」而「屈人之兵」。孫子稱這才是「善之善者」。

「上兵伐謀，其次伐交，其次伏兵，其下攻城。」可見，身為一位名垂千古的軍事家，孫子並不認為戰爭是最高明的手段，他崇尚的謀略並不是鐵血殺戮。「三伐一攻」中，政治鬥爭、外交鬥爭放在軍事鬥爭前面。戰爭史上，許多以弱取勝的戰爭，都是依靠謀略。而且，「百戰百勝」非「善之善者」，只有「不戰而屈人之兵」才是兵家最高明的手段。

另外，所謂「知彼知己，百戰不殆」，孫子的真正用意絕不是單純地教人「知」曉敵方情報，而是通過對五個條件（戰機、眾寡、團結、準備、將領）的比較分析進行判斷，才能「知勝之道」。

這五個條件與「計篇」中的「五事」、「七計」相輔相成，體現了孫子思想的完整性。

本篇又一次強調了「將」對於國家的重要性，說為將者是「國之輔也」，「輔周則國必強，輔隙則國必弱。」基於本身的特殊地位，將領更應該去瞭解、認清楚戰爭的規律，以求取戰爭的勝利，使國家強盛。

上兵伐謀，兵不血刃

原文

不戰而屈人之兵，善之善者也。故上兵伐謀，其次伐交，其次伐兵，其下攻城。

點評

運用智慧取勝是《孫子兵法》的核心思想，所以，孫子強調指出：「用兵的上策是以謀略取勝。」「百戰百勝不算高明中最高明的，不戰而使敵人降服才算是高明中最高明的。」

「伐謀」的情況有兩種：一、是敵人正謀劃攻我，我先「伐」其謀，使敵人的進攻失敗；二、是我想攻擊敵人，敵人已做好防禦的準備，我用計謀挫敗其防禦。

在軍事領域內，「伐謀」關係到將士的生死、國家的存亡；在政治領域內，「伐謀」關係到敵我的榮辱成敗；在經濟領域和體育競賽中，「伐謀」關係到企業的興衰和競賽的勝負。因此，身為一名優秀的軍事家、政治家、企業家、運動員，務必慎謀、精謀、深謀、遠謀。只有這樣，才能在激烈的競爭中做到「兵不血刃」，游刃有餘。

典故名篇

❖ 挾此餘威，一書降燕

秦朝滅亡後，劉邦和項羽為爭奪天下，展開了殊死決戰。劉邦為牽制項羽，命令韓信從側翼迂迴。韓信能征善戰，僅用四個月的時間就滅掉了魏國、代國，越過太行山，逼近趙國。

趙王歇和趙軍統帥陳餘率領20萬兵馬集結於井陘口。

謀士李左車向陳餘獻計道：「韓信乘勝而來，銳不可當。但他們長途跋涉，糧草必不足。井陘一帶山路狹窄，車馬難行，漢軍走不上百里路，糧草必然落在後面。我們派三萬精兵從小路截斷他們的糧草，再深挖溝、高築壘，堅守營寨，不與他們交戰，用不了十天，就可以活捉韓信。」

陳餘笑道：「兵書上說：兵力比敵人大十倍，就可以包圍他。韓信不過二、三萬人馬，怕他做什麼？」一口回絕了李左車的建議。

韓信得知陳餘不用李左車的建議，暗暗歡喜。他以背水為陣和疑兵之計，一舉擊潰趙軍，殺死陳餘，活捉了趙王歇，然後出千金重賞，捉拿李左車。

幾天後，李左車被緝拿。眾將士以為韓信必殺此人無疑。但韓信一見李左車，立即上前為他鬆綁，並請他坐到上座，自己坐在下手，儼然弟子對待師傅。

李左車道：「敗軍之將，不敢言勇；亡國之大夫，不可圖存。我是將軍的俘虜，將軍何以這樣對待？」

韓信回答：「從前，百里奚住在虞國，虞國消滅了，秦國重用了他，從此更加強大。今天您就好比百里奚，如果陳餘採用了您的策略，我早已是趙軍的俘虜了。正因陳餘不聽您的建議，我才能有今天的勝利。我是誠心向您請教，請不要推辭。」

李左車見韓信真心敬重自己，這才推誠而言：「將軍連克魏、代、趙三國，雖然取得不小的勝利，但將士們已十分疲勞，再要去攻伐燕國，倘若燕國憑險固守，將軍恐怕力不從心！」

韓信問：「先生認為，該如何是好？」

李左車回道：「將軍一日之內擊敗趙國二十萬大軍，威名遠揚，燕國不會不知道。挾此餘威，將軍一面安撫將士和趙國百姓，一面派一使者前去燕國，曉以利害，則可不戰而使燕國屈服。」

韓信大喜，連聲讚嘆：「先生高明之極，就這麼辦！」

韓信當即修書一封，信中闡明漢軍得天獨厚的優勢，分析了燕國的處境及戰與降的利害，然後派了一名能言善辯的使者把信送往燕國。同時，又按照李左車的建議，把軍隊調到燕國邊境，擺出一副咄咄逼人的進攻架勢。

燕國君臣早已得知趙國滅亡的消息，今見韓信大軍壓境，無不惶恐。燕王看了韓信的書信，立即表示同意歸降。

韓信只憑一紙書信，未費一兵一卒，就順利地拿下燕國。

❖ 梅瑞公司「化敵為友」

在西方，企業與企業之間往往爭得「你死我活」，異常激烈。用一句「同行是冤家」來形容，一點也不過分。

美國紐約的梅瑞公司為協調自己與其他同行的關係，緩和彼此的矛盾，別出心裁地開設了一間「諮詢服務亭」。在全世界數不勝數的大商廈中，此「亭」堪稱絕無僅有。「諮詢服務亭」的宗旨是：顧客若在本公司沒有買到稱心如意的商品，它負責指引顧客到有此類商品的公司購買。即：把顧客推向自己的競爭對手。

「諮詢服務亭」的開設，不僅沒有把顧客「逐走」，反而引來更多的顧客。一些想購得奇特、貴重商品的顧客因為不知該到何處去買，所以專程前來梅瑞公司向「服務亭」詢問。當然，公司內琳瑯滿目的商品通常不會讓他們空手離去。

自「諮詢服務亭」開設以後，梅瑞公司與同行的關係大為好轉。競爭對手對於梅瑞公司的友好之舉都表示敬意。俗話說：「投之以桃，報之以李。」對手們在友好對待梅瑞公司的同時，還主動上門與梅瑞公司交換「情報」，梅瑞公司因此而鴻圖大展。

❖ 斯通空手套「白狼」

斯通計劃開設一家保險公司，並希望獲准在幾個州開展業務。

他把完成此項計畫的最後期限定在下一年度的12月31日。但他面臨一個問題：他必須找一家公司，它能滿足出售事故和人壽保險單執照並可允許自己在各州開展業務這兩個條件。同時，還要解決資金短缺的問題。

在新的一年，斯通著手去達到這個目標。但一個月過去了，二個月過去了十個月過去了，還是沒有進展。離最後期限只剩下兩個月，該怎樣才能使目標在限定期內實現，不至於落空呢？斯通苦思冥想。

天無絕人之路，兩天後，奇蹟出現了。超級保險公司的吉伯遜打電話給斯通，告訴他一個好消息：由於遭受巨大損失，馬里蘭州的巴的摩爾商業信託公司將要清償賓夕法尼亞意外保險公司，而賓夕法尼亞意外保險公司歸巴的摩爾商業信託公司所有。下周四，信託公司將在巴的摩爾召開董事會。所有賓夕法尼亞意外保險公司的業務已經由商業信託公司所屬的另外兩家保險公司再保險。商業信託公司副經理的名字是瓦爾海姆。

得到這個消息之後，斯通想到，如果他制定出一個計畫，可使商業信託公司行動起來比他們自己的計畫更快、更有把握實現目標，那麼，說服董事們接受這項計畫，應該不會太困難。

但他並不認識瓦爾海姆。猶豫間，他想起了一句話：「如果一件事做不成，不會有什麼損失，做成了卻可得到巨大的收穫，你就一定要努力去做。」立即行動！速度非常重要。他不再遲疑，立即打電話給瓦爾海姆，約定第二天下午2點前去拜訪。

賓夕法尼亞意外保險公司滿足了斯通的要求：一張獲准在35個州開展業務的執照。但對於這家公司160萬美元，包括可轉讓的股票和現金的資產，怎麼辦？

斯通利用商業信託公司有貸款業務的方便，向其貸出這160萬美元，然後將賓夕法尼亞意外保險公司的資本和餘款減少到50萬美元，用差額償還貸款。而50萬美元差額則向與自己有往來的銀行借貸，以意外保險公司的利息作擔保，並以自己的其它財產作為保證歸還貸款的額外擔保。

下午5點，這筆生意做成了。

斯通抓住機遇，行動迅速，用賣方自己的錢，買了價值160萬美元的公司。

可見，在商業交易中，果斷而快速地主動出擊，常能取得意想不到的效果。

❖東來順「宰」人

北京老字號東來順的涮羊肉，海內外有口皆碑。創辦人丁德山是一個極有心計的人。他的經營手段限於當時的歷史條件和本人的素質，雖不免帶著重重的「土味兒」，卻能使顧客高興地奔來，給他帶來無盡的生意和收入，使競爭對手紛紛敗下陣來。

丁德山在志得意滿之餘，用幾句話道出了自己的奧祕：「窮人身上賠點本，闊人身上往回找；讓他背著活廣告，內外四城到處跑。」事實上，他在窮人身上一點也沒賠本。因為樓下的「大板凳兒」使用的各種原料，大多是樓上雅座剩下的下腳料，那些肉渣、骨頭、菜幫，都早已計入成本，本應扔進垃圾堆裡的。善於精打細算的丁德山把這些東西充分利用起來，在「大板凳兒」那兒廉價出售，又多得一筆利潤。

飯館每年要修理爐灶，照例停業幾天。丁德山又在這上面做起文章。在停業的前幾天，他就讓夥計往餃子和肉餅裡加油加肉，給顧客留下很深的印象。停業以後，顧客到別處吃飯，容易產生對比，就覺得哪兒也不如東來順油多肉厚。爐灶修好以後，顧客自然迫不及待地回來。等到將顧客穩住以後，油和肉又慢慢減下來。就這樣，他拉攏了很多長期主顧，外人還很難識破他的花樣。

在顧客吃飯的桌上，他有時讓夥計添上四小碟醬菜，名之曰「敬菜」，名義上免費自給，實際上，在算帳時，早把這些小菜的費用加進去。而且，這些小菜一般是吃不完的，他們換了碟，又給另外的顧客擺上，來回賺錢，還賺得了顧客的滿心歡喜。他賣羊肉片，切得極薄，裝盤以後，看起來很豐滿喜人。他賣年糕，出售以前刷上水，既漂亮，又壓分量。夥計們都說：「老掌櫃的真有邪招兒，能從顧客身上撈到錢，還得讓他們高興。」

當時的商業廣告業務不甚發達，丁德山有很多土辦法招德顧客。比如在門前搭起爐灶，架起鍋，當眾煮麵條，讓一位師博徒手從滾燙的開水裡撈麵條，就像表演雜技一般，同時大聲吆喝，吸引人們來看熱鬧。切羊肉的師傅手法高超，丁德山也用來作為招德顧客的手段。他在門前擺起切肉案子，讓十多位師傅一字排開，當眾揮刀切肉。因為動作飛快，只見切肉刀在案子上來回晃動，那極薄的肉片便像雪片似地紛紛掉下。前來觀看的顧客，有時就順便在這裡就餐。

最有價值的東西還是東來順的經營思想：怎樣巧用心計，既讓顧客滿意，商家又從中獲利豐多。那種明刀亮槍猛「宰」顧客，只求「一次性消費」的，必不能盈利長久。

知己知彼，百戰百勝

原文

知彼知己，百戰不殆。

點評

「知己知彼，百戰不殆。」這句話是貫穿《孫子兵法》全書的一條重要線索，精華所在。

那麼，如何用兵才能「知彼知己」，從而「百戰不殆」呢？

孫子指出了五種可以預見勝利的方法：

一、知道什麼情況下可以打，什麼情況下不可以打者，能勝利。

二、得根據兵力的多少而採取不同的戰法者，能勝利。

三、官兵有共同之願望，上下同心者，能勝利。

四、以有準備對付沒有準備者，能勝利。

五、將帥有指揮才能而國君不加以牽制者，能勝利。

結論是：了解敵人，了解自己，百戰不敗；不了解敵人而了解自己，勝敗的可能各半；不了解敵人，也不了解自己，每戰必敗。

典故名篇

❖知己知彼，智挫水師

一八五四年，曾國藩率湘軍水師擊退太平天國的西征軍，妄圖趁西征軍力量銳減之際，乘勝追擊，置西征軍於死地。為扭轉不利的局面，太平天國翼王石達開奉天王洪秀全的命令，溯江而上，增援西征軍。

曾國藩的湘軍水師以快蟹、長龍大船居中指揮，前板輕舟往來作戰，大船上還配有西洋鐵炮，咄咄逼人。太平軍的將領對迎戰曾國藩都感到惴惴不安。

石達開在觀察了湘軍水師的行動之後，放聲大笑，說：「湘軍水師固然厲害，但也有其短處：快蟹、長龍船笨重體大，行動不便；前板、輕舟易於行動，但不利食宿。這兩種船隻相互依附，才有戰鬥力。如果能將它們分開，即可各個擊破！」

一席話，說得眾將面現笑容。

石達開針對湘軍連連獲勝的現實，採取了層層設防，等待時機的策略，在鄱陽湖的河口設置了寬數十丈的木排，外用鐵鎖蔑纜層層防護，又在東岸和西岸層層設立炮位，嚴陣以待。

雖是這樣，悍勇的湘軍水師在付出沉重的代價之後，仍然闖過了湖口木排關。石達開早有準備，連夜將數條裝載砂石的大船鑿沉於江心，又故意在西岸留下一個僅容湘軍舢板小舟通過的隘口。

湘軍水師果然中計。水師將領蕭捷三率舢板小舟從隘口衝入鄱陽湖，一直深入到離湖口40里的姑塘才停了下來。石達開命令太平軍將隘口堵塞，然後用艨艟巨艦對付舢板、小舟。蕭捷三發現退路已斷，方知中計，雖奮力死戰，但舢板、小舟被石達開的艨艟、巨艦一撞即翻，蕭軍全軍覆沒。

與此同時，石達開派出小船，向湘軍水師的快蟹、長龍等大船發起火攻。小船上配備大量火箭、噴筒，一時間，數千支火箭、噴筒對準大船噴射出眩目的火焰，四十多艘裝備精良的快蟹、長龍頓時在一片煙火中化為灰燼。

石達開趁湘軍水師驚魂未定之時，又在半夜派小船潛入湘軍水師設在九江的大營，突然發起火攻。霎時間，大江之上一片火海，曾國藩的湘軍水師喪失殆盡，曾國藩本人也險些葬身於大江之中。

石達開在湖口重創湘軍水師，扭轉了太平天國西征軍的不利局面，使太平軍得以再度攻佔湖北重鎮武昌。

❖準確定位創新路

金莎進入香港時，傳統的巧克力銷售主渠道集中於超級市場及附設食物部門的百貨公司或便利商店、零售點上，全港計約數千家。最具霸主地位的是惠康及百佳兩大連鎖超市集團。當時大連鎖集團入店條件十分苛刻，如：貨品必須具有相當知名度；貨品一經接納，必須支付可觀的推廣費用（通常數十萬元），以便做上市期店內宣傳之用；貨品的定價必須經採購部門同意；一定期間內，銷售不理想，又不能改善者，將停止採購，推廣費用則不予退還。

而此時，金莎並無雄厚的實力去選擇何等商家，才能使其在價格、品質、陳列、通路等方面均適當地反映出金莎獨特的定位呢？經一番深思熟慮，金莎選定了屈臣氏集團旗下的連鎖西藥房作為合作目標。以屈臣氏作為展覽櫥窗，著實反映出金莎獨特的追求。

當時，屈臣氏是以售賣高級化妝品、貴重小禮品、配方西藥及一些高級日用品為主，服務對象多為追求高品位、高品質而情願付出相應高價的高消費階層，其形象、經營方針、定位等在一定程度上與金莎有共通及互補的特性。加之該店當時約有50間分店，分布於港九各區高消費、高人口密度地區，自然成為金莎銷售的理想場所。

目標確定後，金莎展開了對屈臣氏不同管理階層的游說工作。屈臣氏慧眼獨具，深知金莎的潛力，並考慮藉金莎介入之力，提升屈臣氏「西藥」方面的形象。共同的意願、相通的觀念、互補的作用，使二者一拍即合，聯手拓市。

這樣，金莎在非傳統商店以非傳統的陳列方式（傳統糖果放於貨架上，金莎則遍布於屈臣氏店內不同的角落，並以坐地陳列方式）亮相，立時起到震撼效果——顧客毫無心理準備，在意想不到的環境，遇上意料不到的產品，且以坐地方式展現眼前，衝擊波可想而知。

金莎以獨特的方式登場，產生了非凡的效果，知名度大增。憑藉屈臣氏的成功經驗，加上少許變通，金莎在短時間內很快形成了一個質量及數量均佳的銷售網絡。當各銷售通道均接受金莎時，它與惠康、百佳兩大集團的商談也瓜熟蒂落，水到渠成，得以按既定的價格策略，進入力量龐大的銷售網，並迅速推廣開來。

❖ 成功的推銷商

克里曼特·斯通所在的公司派了一批推銷員去愛荷華州西奧克城進行推銷活動。一天晚上，他聽到一位推銷員抱怨道：「在西奧克斯中心出售商品是不可能的，因為那兒的人是荷蘭人，他們講宗派，不想買生人的東西。此外，那片土地歉收已達5年之久。我在那兒已經工作了兩天，卻沒有賣出一樣東西。」

斯通對這件事考慮良久，決定第二天與這位推銷員一起驅車前往西奧克斯中心。到達以後，他們進了一家銀行。當時那兒有一位副經理、一位出納員、一位收款員。20分鐘內，副經理和出納員各買了一份他們公司所樂於銷售的最大保單——全單元保單。他們一個商店接一個商店，一個辦公室接一個辦公室地訪問每個機構中的每一個人，有條不紊地兜售著他們的保險單。

一件驚人的事發生了：那天他們所訪問的每個人都購買了全單元保單，無一例外。為什麼在同一個地方，別人失敗了，斯通卻成功了呢？這主要是因為他對情況做了正確的分析，在了解銷售對象的心理及處境之後，滿足了客戶的需求，因而取得了很大的收穫。

他認為荷蘭人講宗派，正是銷售成功的一個有利因素。因為，一旦你將東西賣給族中的一個人，特別是一個領袖人物，就能賣東西給全族的人。你必須做的第一件事就是把第一筆生意做給一位適當的人，即使花費很長的時間或耗費很大的精力也在所不惜。

並且，這片土地歉收已經5年，人心惶惶，正是推銷保險單的大好時機。因為荷蘭人十分注意節約，做事認真、負責，他們需要保護他們的家庭和財產。但他們很可能從沒有購買過意外事故保險單，因為別的推銷員也許與上述的那位推銷員一樣，知難而退，不了解客戶的心理。如果我們的保險單只收很低的費用，卻能提供可靠的保障，那一定具有很大的吸引力。

斯通清楚自己的優勢，又了解對方的心態，知己且又知彼，因而一旦出馬，就獲得了成功。跟隨他的那位推銷員在西奧克斯中心待了很長一段時間，每天都取得一定的銷售成績。他吸取經驗，向斯通學習，在自己失敗的地方成功了，並且在以後的推銷中也屢屢獲勝。

軍形篇

原文

孫子曰：昔之善戰者，先為不可勝①，以待敵之可勝②。不可勝在己，可勝在敵③。故善戰者，能為不可勝，不能使敵之可勝④。故曰：勝可知，而不可為⑤。

不可勝者，守也；可勝者，攻也⑥。守則不足，攻則有餘⑦。善守者，藏於九地之下；善攻者，動於九天之上⑧。故能自保而全勝也⑨。

見勝不過眾人之所知⑩，非善之善者也；戰勝而天下曰善，非善之善者也。故舉秋毫不為多力⑪，見日月不為明目，聞雷霆不為聰耳⑫。古之所謂善戰者，勝於易勝者也⑬。故善戰者之勝也，無智名，無勇功，故其戰勝不忒⑭；不忒者，其所措必勝⑮，勝已敗者也⑯。故善戰者，立於不敗之地，而不失敵之敗也。是故勝兵先勝而後求戰⑰，敗兵先戰而後求勝⑱。善用兵者，修道而保法⑲，故能為勝敗之政⑳。

兵法：一曰度，二曰量㉒，三曰數㉓，四曰稱㉔，五曰勝。地生度㉕，度生量㉖，量生數㉗，數生稱㉘，稱生勝㉙。故勝兵若以鎰稱銖㉚，敗兵若以銖稱鎰。勝者之戰民也㉛，若決積水於千仞之谿者㉜，形㉝也。

注釋

①先為不可勝：為，造成、創造。不可勝，使敵人不可能戰勝自己。此句意為：先創造條件，使敵人不能戰勝自己。

②以待敵之可勝：待，等待、尋找、捕捉的意思。敵之可勝，指敵人可以被我戰勝的時機。

③不可勝在己，可勝在敵：指創造不被敵人戰勝的條件，在於自己主觀的努力；而敵方是否能被戰勝，取決於敵方自己的失誤，非我方主觀所能決定。

④能為不可勝，不能使敵之可勝：能夠創造自己不為敵所勝的條件，但不能強令敵人一定具有可被我戰勝的時機。

⑤勝可知，而不可為：知，預知、預見。為，強求。意為勝利可預測，卻不能強求。

⑥不可勝者，守也；可勝者，攻也：使敵人不能勝我，在於我方防守得好；而戰勝敵人，則取決於我方進攻得當。

⑦守則不足，攻則有餘：採取防守的辦法，是因為自己的力量處於劣勢；採取進攻的辦法，是因為自己的力量處於優勢。

⑧「九地、九天」句：九，虛數，泛指多。古人常以「九」表示數的極點。九地，形容地深不可知；九天，形容天高不可測。此句言：善於防守的人，能夠隱蔽軍隊的活動，如藏物於極深之地下，令敵方莫測虛實；善於進攻的人，進攻時能做到行動

神速、突然，如同從九霄下降，出敵不意，迅猛異常。

⑨自保而全勝：保全自己而戰勝敵人。

⑩見勝不過眾人之所知：見，預見。不過，不超過。眾人，普通人。知，認識。

⑪舉秋毫不為多力：秋毫，獸類在秋天時新長的毫毛，比喻極輕微的東西。多力，力量大。

⑫聞雷霆不為聰耳：能聽到雷霆之聲，算不上耳朵靈敏。聰，聽覺靈敏。

⑬勝於易勝者也：戰勝容易打敗的敵人（指已暴露弱點之敵）。

⑭不忒：忒，失誤、差錯。「不忒」即沒有差錯。

⑮其所措必勝：措，籌措、措施。此處指採取作戰措施。

⑯勝已敗者也：戰勝業已處於失敗地位的敵人。

⑰勝兵先勝而後求戰：勝兵，勝利的軍隊。先勝，先創造不可被敵戰勝的條件。句意為：能取勝的軍隊，總是先創造取勝的條件，然後才同敵人決戰。

⑱敗兵先戰而後求勝：指失敗的軍隊總是貿然開戰，然後企求僥倖取勝。

⑲修道而保法：道，政治、政治條件。法，法度、法制。意為修明政治，確保各項法制的貫徹、落實。

⑳故能為勝敗之政：政，同「正」，引申為主宰的意思。為勝敗之政，即成為勝敗上的、王宰。

㉑度：指土地幅員的大小。

㉒量：容量、數量；指物質資源的數量。

㉓數：數量、數目；指兵員的多寡。

㉔稱：衡量輕重；指衡量敵對雙方實力狀況的對比。

㉕地生度：生，產生。言雙方所處的地域不同，產生土地幅員大小不同之「度」。

㉖度生量：指因度的大小不同，產生物質資源多少的「量」的差異。

㉗量生數：指物質資源多少的不同，產生兵員多寡的「數」的差異。

㉘數生稱：指兵力多寡的不同，產生軍事實力對比強弱的不同。

㉙稱生勝：指雙方軍事實力對比的不同，產生並決定了戰爭由何方取勝。

㉚以鎰稱銖：鎰、銖，皆古代的重量單位。一鎰等於二十四兩，一兩等於二十四銖；銖輕鎰重，相差懸殊。此處比喻力量相差懸殊，勝兵對敗兵擁有實力上的絕對優勢。

㉛勝者之戰民也：戰民，指統軍指揮士卒作戰。民，作「人」解；這裡借指士卒、軍隊。

㉜若決積水於千仞之谿者：仞，古代的長度單位，七尺（也有說八尺）為一仞。千仞，比喻極高。谿，山澗。

㉝形：指軍事實力。

譯文

孫子說：從前那些善於用兵打仗的人會首先做到不被敵方戰勝，然後捕捉時機，戰勝敵人。不被敵人戰勝的主動權操在自己手中，能否戰勝敵人則取決於敵人是否有隙可乘。因此，善於打仗的人，能創造不被敵人戰勝的條件，卻不可能做到使敵人一定被我戰勝。所以說，勝利可以預知，但不可強求。

想要不被敵人戰勝，在於防守嚴密；想要戰勝敵人，在於進攻得當。實行防禦，是由於兵力不足；實施進攻，是因為兵力有餘。善於防守的人，隱蔽自己的兵力，如同深藏於地下；善於進攻的人，展開自己的兵力，就像自九霄而降（令敵人猝不及防）。所以，他們既能保全自己，又能奪取勝利。

預見勝利不超越一般人的見識，這算不得高明中最高明者。通過激戰而取勝，即使是普天下人都說好，也不算是高明中最高明者。這就像能舉起秋毫，稱不上大，能看見日月，算不得眼明，能聽到雷霆，算不上耳聰一樣。

古時候所說的善於打仗的人，總是戰勝那些容易戰勝的敵人。因此，善於打仗的人打了勝仗，既不顯露出智慧的名聲，也不表現為勇武的戰功。他們取得勝利，不會有差錯。其所以不會有差錯，是由於他們的作戰措施建立在必勝的基礎上，能戰勝那些已經處於失敗地位的敵人。善於打仗的人，總是確保自己立於不敗之地，且不放過任何擊敗敵人的機會。

所以，勝利的軍隊總是先創造獲勝的條件，而後才尋求同敵決戰；失敗的軍隊卻總是先同敵人交戰，而後企求僥倖取勝。善於指導戰爭的人必修明政治，確保法制，從而能掌握戰爭勝負的決定權。

兵法的基本原則有五條：一是「度」，二是「量」，三是「數」，四是「稱」，五是「勝」。

敵我所處地域的不同，產生雙方土地幅員大小不同的「度」；敵我地幅大小——「度」的不同，產生了雙方物質資源豐瘠不同的「量」；敵我物質資源豐瘠——「量」的不同，產生了雙方軍事人員多寡不同的「數」；敵我軍事人員多寡——「數」的不同，產生軍事實力強弱不同的「稱」；敵我軍事實力強弱——「稱」的不同，最終決定了戰爭由何方取勝。勝利的軍隊較之於失敗的軍隊，有如以「鎰」比「銖」那樣，佔有絕對的優勢。而失敗的軍隊較之勝利的軍隊，就好像用「銖」比「鎰」那樣，處於絕對的劣勢。勝利者指揮軍隊，與敵作戰，就像在萬丈高的山澗決開積水一樣，所向披靡。這就是「形」——軍事實力。

講解

本篇名為「軍形篇」，從內容上看，「形」所指的是軍事實力，即力量的強弱。孫子在下一篇「兵勢篇」中說：「強弱，形也；勇怯，勢也。」而且特別集中闡述了「強形」之兵如何形成的問題。

通篇共提出了五對矛盾：敵己、勝敗、攻守、動藏、餘缺。這其中，敵我應該是基本矛盾，並強調己方是主要方面。戰爭的勝利，主要是依靠己方的力量與謀劃。開篇提出「先為不可勝」，即要求善戰者先創造出不被敵人打敗的條件，再等待機會打敗敵人。戰略上立於不敗之地，再去求戰。

孫子說：「古之所謂善戰者，勝於易勝也。」意思是說：所謂善於打仗的人，他的勝利都是取自容易被戰勝的敵人。如何做到必勝？應從最容易的地方，從敵人最薄弱的環節下手。

本篇還提出了兵法的五個原則：地域面積、物質資源、出兵數量、兵力強弱、最後的勝利。這五個原則相互關聯，共同決定了戰爭的勝負。

創造條件，以弱制強

原文

昔之善戰者，先為不可勝，以待敵之可勝。

點評

戰爭的兩種基本形式是攻與守。攻與守的目的都是：保存自己，消滅敵人。

但是，在戰場上，許多情況下，敵人的兵力、物力或其所擁有的天時、地利往往強於己方，己方不被消滅就不錯了，奢談戰勝強敵，談何容易！

孫子認為：在這種情況下，首先要積極地創造條件，積蓄作戰實力，使自己立於不敗之地。這是戰勝敵人的客觀基礎。然後，在這個基礎上，尋找戰機，以弱制強。

典故名篇

❖以逸待勞，疲楚敗楚

春秋時期，吳王闔閭在大將孫武、大夫伍子胥、太宰伯嚭輔佐下，國力大增。公元前五一二年，闔閭認為可以攻打楚國了，於是召集孫武、伍子胥、伯船共議出兵大事。

孫武道：「大王要遠征楚國，時機尚不成熟。楚國地大物博、兵多將廣，而我們吳國是個小國，人口少，物力也不夠富足，想打敗楚國，還需要幾年的準備。」

伍子胥因自己的父兄都被楚王殺害，急於報仇，在同意孫武的意見時，又提出了一個「疲楚」的妙計：把吳國的士兵分為三軍，每次用一軍去襲擾楚國的邊境，一軍返回，另一軍出發。這樣，吳軍可以得到充分的休整，楚軍則疲於奔命，勞苦不堪。

孫武和伯嚭也都認為伍子胥的計策切實可行。於是，第二年，闔閭開始實施伍子胥的「疲楚」計畫：派一支部隊襲擊楚國的六城和灊城（均在安徽境內）。楚國急忙調兵援救灊城。此時，吳兵已離開灊城，攻破了大城。過了一些日子，吳兵又攻擊楚國的弦（河南境內）。楚國慌忙調兵奔走數百里往援。但是，援軍還沒有趕到，吳兵已撤退回國。

一連六年，吳國用此「疲楚」之計，使楚國士卒疲於奔走，不由叫苦連天，消耗了大量實力。

公元前五〇六年，楚國令尹囊瓦攻打蔡國。蔡國聯合唐國，向吳國求救。闔閭認為這是一個出兵攻楚的大好時機，再次召集伍子胥、孫武和伯嚭商議出兵之計。伍、孫、伯三人一致同意闔閭的意見。這一年冬天，闔閭親率伍子胥、伯船、孫武，傾全國軍隊計6萬多人誓師伐楚。

楚軍連年奔走作戰，實在「疲勞」已極，因此，吳軍長驅直入，迫近漢水，方才遇到囊瓦的「阻擋」。決戰時刻，吳軍士氣旺盛，楚軍則戰戰兢兢，勉強應戰。雙方軍隊一接觸，楚軍就土崩瓦解。囊瓦率先逃走，大夫史皇戰死。吳軍乘勝追擊，迅速攻佔楚國都城郢（今湖北江陵）。楚昭王跑得快了一步，才沒有成為吳軍的俘虜。

❖「八百伴」童叟無欺創大業

日本八百伴商社從沿街叫賣蔬菜起家，經營者是和田良平與他的妻子加津。創業之始，和田良平夫婦深知自己「家小」、「業小」，先天條件不足，只有勤奮工作，不斷創造條件，才可能在激烈的競爭中站住腳，並且不斷發展和壯大。為此，夫婦倆以「童叟無欺」作為自己經商的信條。

經過十多年的努力，和田夫婦終於有了自己的店舖，店號叫「八百伴熱海分店」。可嘆不久熱海市連遭大火，成千上萬人家被大火燒得一貧如洗，「八百伴熱海分店」也被燒成一片灰燼。

這時「八百伴」有一批進貨在大火之後運到，由於許多菜店都葬身火海，熱海地區的蔬菜價格暴漲。和田夫婦認為，現在大家都很困難，不能賺這筆不義之財；在這種困難時期，如果以平價出售，更能證明自己講求信義，真正「童叟無欺」。這關係到菜店的長遠利益。因此，夫婦倆堅持以平價出售，贏得了市民們的好感和尊敬。

當時，「八百伴」與四十多家批發商有所聯繫。批發商們知道「八百伴」有困難，主動提出免去或遲收「八百伴」的貨款。和平夫婦認為，經商必須講求信譽，否則，必無法發展壯大。

為此，他們仍然按月湊足現金結帳。批發商們認為和田良平可以信賴，在以後的交往中，不斷為「八百伴」提供優惠條件，資助「八百伴」的發展。

一場大火使「八百伴」幾乎被燒得一無所有。大火過後不久，「八百伴」在廢墟上建起了二層樓的商店！這不能不歸於和田良平「童叟無欺」，講求信義的經營策略。

和田夫婦在事業有成的基礎上，將講求信義、「童叟無欺」的經營方針進行了改革，大膽實行了明碼實價經營——在當時的日本，敢於這樣做的商店只有10家，這是以真正最低廉的價格向顧客銷售最好的貨物。

有一次，加津對丈夫說：「如果把每件商品的毛利增加一分錢，我們就能扭虧為盈。」和田思索良久，回道：「我們一開始就以廉價經營的方法辦店，千萬不能半途而廢。從明天起，每件商品的毛利下調百分之一。」

消息傳出，「八百伴」的顧客又增加了一倍。「八百伴」不懈地追求，不斷創造新的、為顧客所歡迎的購物環境，使自身贏得了一次又一次發展的良機。

❖ 凱耶開創巧克力生產新時代

17世後期，瑞士人凱耶在義大利當了四年學徒工，終於把生產巧克力的方法掌握住了。可是，待他回到故鄉，把他生產的巧克力拿到市場上販賣時，他發現：瑞士的巧克力市場早已被義大利人牢牢控制住了。

凱耶剛剛出徒，又缺乏雄厚的資金，根本無力與義大利的巧克力商人抗衡。為了生存，他苦苦思索。17、18世紀的巧克力有很多缺點：硬梆梆，口感很不舒服；甜膩膩，連吃幾塊就吃不下去……等等。凱耶生產的巧克力自然不能例外。

「假如能生產出一種口感舒適又不過分甜膩的巧克力，就能擊敗義大利了……」凱耶心想：「對！就這麼辦！」

凱耶孜孜不倦地探索著。他先是往可可漿中加入牛奶，後來又嘗試著加進不同數量的綠豆麵、扁豆粉，又把脫脂的可可油按照不同的比例摻進去。

經過無數次試驗，一種脆而不硬、甜而不膩的新型巧克力問世了。凱耶為自己的產品命名為「凱耶」牌。「凱耶」牌巧克力上市後，人們爭相購買，義大利巧克力被冷落在一邊。凱耶後來居上，開創了一個巧克力生產的新時代。

凱耶去世後，他的後代又在配方中加入丁香草、桂皮、乾果、油料。經過幾代人的努力，「凱耶」牌巧克力名揚全世界，其品種多達二千五百餘種。

軍勢篇

原文

孫子曰：凡治眾如治寡①，分數是也②。鬥眾③如鬥寡，形名是也④。三軍之眾，可使必受敵而無敗⑤者，奇正是也⑥。兵之所加，如以碬投卵⑦者，虛實⑧是也。

凡戰者，以正合，以奇勝⑨。故善出奇者，無窮如天地，不竭如江河⑩。終而復始，日月是也。死而復生，四時是也⑪。聲不過五⑫，五聲之變，不可勝聽也⑬。色不過五，五色之變，不可勝觀也。味不過五，五味⑭之變，不可勝嘗也。戰勢不過奇正⑮，奇正之變，不可勝窮也。奇正相生⑯，如循環之無端⑰，孰能窮之⑱？

激水之疾⑲，至於漂石⑳者，勢㉑也；鷙鳥㉒之疾，至於毀折㉓者，節㉔也。是故善戰者，其勢險，其節短。勢如彍弩㉕，節如發機㉖。

紛紛紜紜㉗，鬥亂而不可亂㉘也；渾渾沌沌㉙，形圓而不可敗也㉚。

亂生於治㉛，怯生於勇，弱生於強㉜。治亂，數也㉝；勇怯，勢也；強弱，形也。

故善動敵㉞者，形之㉟，敵必從之；予之，敵必取之；以利動之，以卒待之㊱。

故善戰者，求之於勢，不責於人㊲，故能擇人而任勢㊳。任勢者，其戰人也㊴，如轉木石。木石之性㊵，安㊶則靜，危㊷則動，方則止，圓則行。故善戰人之勢，如轉圓石於千仞之山者，勢㊸也。

注釋

①治眾如治寡：治，治理、管理。意為管理人數眾多的部隊如同管理人數很少的部隊一樣。

②分數是也：分數，此處指軍隊的編制。把整體分為若干部分，就叫分數。這裡是指分級分層管理之意。

③鬥眾：指揮人數眾多的部隊作戰。鬥，使……戰鬥（使動用法）。

④形名是也：形，指旌旗。名，指金鼓。古戰場上，投入的兵力眾多，分布面積也很寬廣，臨陣對敵，無從知道主帥的指揮意圖和信息，所以設置旗幟，高舉於手中，讓將士知道前進或後退，用金鼓節制將士，或進行戰鬥，或終止戰鬥。

⑤必受敵而無敗：必，「畢」的同音假借，意為完全、全部。

⑥奇正是也：奇正，古兵法常用術語，指軍隊作戰的特殊戰法和常用戰法。就兵力部署而言，以正面受敵者為正，機動突擊為奇；就作戰方式言，以正面進攻為正，側翼抄偷襲為奇；以實力圍殲為正，誘騙欺詐為奇等。

⑦以碫（音段，同碫字）投卵：《說文》：「碫，厲石也。」碫即磨刀石，泛指堅硬的石頭。以碫投卵，比喻以堅擊脆、以實

擊虛。

⑧虛實：古兵法常用術語，指軍事實力上的強弱、優劣。有實力為「實」，反之為「虛」：有備為「實」，無備為「虛」；休整良好為「實」，疲敝鬆懈為「虛」。此處含有以強擊弱、以實擊虛的意思。

⑨以正合，以奇勝：合，交戰、合戰。此句意即：以正兵合戰，以奇兵制勝。

⑩無窮如天地，不竭如江河：喻正奇之變化有如宇宙萬物之變化無窮，江河水流之永不竭盡。

⑪死而復生，四時是也：去而復來，如春、夏、秋、冬四季更替。

⑫聲不過五：聲，即音樂中最基本的音階。古代的基本音階為宮、商、角、徵、羽五音。故此言聲不過五。

⑬五聲之變，不可勝聽：即宮、商、角、徵、羽五聲的變化，聽之不盡。變，變化。勝，盡；窮盡之意。

⑭五味：指甜、酸、苦、辣、鹹五種味道。

⑮戰勢不過奇正：戰勢，指具體的兵力部署和作戰方式。言作戰方式，歸根結柢，就是奇正的運用。

⑯奇正相生：意為奇正之間相互依存、轉化。

⑰如循環之無端：循，順著。環，連環。無端，無始無終。言奇正之變化無始無終，永無盡頭。

⑱孰能窮之：孰，誰。窮，窮盡。之，指奇正相生變化。

⑲激水之疾：激，湍急。疾，快、迅猛、急速。

⑳漂石：漂，漂移。漂石即移動石頭（沖走石頭）。

㉑勢：這裡指事物本身之態勢所形成的內在力量。

㉒鷙（音治）鳥：鷙，兇猛的鳥。如鷹、鵰、鷲之類。

㉓毀折：毀傷、捕殺。這裡指捕擊鳥、兔之類動物。

㉔節：節奏。指動作爆發得既迅捷、猛烈，又恰到好處。

㉕勢如彍弩：彍，弩弓張滿的意思。彍弩即張滿待發之弩。

㉖發機：機，即弩牙。發機即引發弩機的機紐，將弩箭突然射出。

㉗紛紛紜紜：紛紛，紊亂無序。紜紜，眾多且亂。此指旌旗雜亂的樣子。

㉘鬥亂而不可亂：鬥亂，言於紛亂狀態中指揮作戰。不可亂，言做到有序不亂。

㉙渾渾沌沌：混亂迷矇不清的樣子。

㉚形圓而不可敗也：指擺成圓陣，首尾連貫，與敵作戰，應付自如，不至於失敗。

㉛亂生於治：示敵混亂，是由於有嚴整的組織。另一說：混亂產生於嚴整之中。

㉜弱生於強：示敵弱小，是由於本身擁有強大的兵力。另一說：弱可以由強轉化。

㉝治亂，數也：數，即前言之「分數」，指軍隊的組織編制。意為軍隊的治或亂，決定於組織編制是否有序。

㉞動敵：調動敵人。

㉟形之：形，動詞，即示形、示敵以形。指用假相迷惑、欺騙敵人，使其判斷失誤。

㊱以卒待之：用重兵伺機破敵。卒，士卒；此處可理解為伏兵、重兵。

㊲求之於勢，不責於人：責，求、苛求。此句言：應追求有利的作戰態勢，而不是苛求下屬。

㊳擇人而任勢：擇，選擇。任，任用、利用、掌握、駕馭的意思。

㊴其戰人也：指揮士卒作戰。與前《軍形篇》中之「戰民」義同。

㊵木石之性：木石的特性。性，性質、特性。

㊶安：安穩；這裡指平坦的地勢。

㊷危：高峻、危險；此處指地勢高峻、陡峭。

㊸勢：是指在「形」（軍事實力）的基礎上，發揮將帥的主觀作用，從而造成有利的作戰態勢。

譯文

孫子說：通常而言，管理大部隊如同管理小部隊一樣，這屬於軍隊的組織編制問題；指揮大部隊作戰如同指揮小部隊作戰一樣，這屬於指揮號令的問題；整個部隊遭到敵人的進攻而沒有潰敗，這屬於「奇正」的戰術變化問題；對敵軍所實施的打擊，如同以石擊卵一樣，這屬於「避實就虛」原則是否正確運用的問題。

一般作戰，總是以「正兵」合戰，用「奇兵」取勝。所以，善於出奇制勝的人，其戰法的變化如天地運行那樣變化無窮，像江河那樣奔流不息。終而復始，就像日月的運行；去而復來，如同四季的更替。樂音的基本音階不過五個，然而，五個音階的變化不可盡聽；顏色不過五種色素，然而，五色的變化不可盡觀；滋味不過五樣，然而五味的變化不可盡嘗。作戰方法不過「奇」、「正」兩種，可是，「奇」、「正」的變化永遠不可窮盡。「奇」、「正」之間的相互轉化就像順著圓環旋繞似的，無始無終，又有誰能夠窮盡它呢？

湍急的流水迅猛奔流，能夠把巨石沖走，這是因為它的流速飛快形成的「勢」；鷙鳥高飛迅疾，能捕殺鳥雀，這是短促迅猛的「節」。因此，善於指揮作戰的人，他所造成的態勢險峻逼人，他進攻的節奏短促有力。險峻的態勢就像張滿的弓弩，迅疾的節奏猶似擊發弩機，把箭突然射出。

戰旗紛亂，人馬混雜，在混亂中作戰，要使軍隊整齊不亂。在兵如潮湧，混沌不清的情況下戰鬥，要布陣周密，保持態勢而不致失敗。向敵詐示混亂，是由於己方組織編制的嚴整。向敵詐示怯懦，是由於己方具備了勇敢的素質。向敵詐示弱小，是由於己方擁有強大的兵力。嚴整或混亂，是由組織編制的好壞所決定；勇敢或怯懦，是由作戰態勢的優劣所造成；強大或弱小，是由雙方實力大小的對比所顯現。所以，善於調動敵人，偽裝假相，迷惑敵人，敵人便會聽從調動；用好處引誘敵人，敵人就會前來爭奪。總之，是用利益引誘敵人上當，再預備重兵，伺機打擊他。

善於用兵打仗的人，總是努力創造有利的態勢，而不對部屬求全責備，所以他能夠選擇人才，去利用和創造有利的態勢。善於利用態勢的人指揮軍隊作戰，就如同滾動木頭、石頭一般。木頭和石頭的特性是：置放在平坦安穩之處就穩住，置放在險峻陡峭之處就滾動；方的容易停止，圓的滾動靈活。善於指揮作戰的人所造成的有利態勢，就像將圓石從萬丈高山上推滾下來那樣。這就是所謂的「勢」。

講解

本篇名為「軍勢篇」。勢，兵勢也，指運用指揮和組織編制，使軍隊形成一種強有力的作戰態勢。上面言「強弱」，使兵成為「強形」之兵，本篇緊接著討論「勇怯」，使強形之兵英勇。形與勢是一對既聯繫又相互區別的概念。

全篇的中心是「奇」、「正」之術。這也是孫子兵法的核心思想。正，指指揮作戰所運用的常法，使用它與敵交戰；奇，是指指揮作戰所運用的變法，它是克敵制勝的關鍵性手段。戰爭中只存有「正」、「奇」二策，它們的組合變化卻無窮無盡。孫子稱這種變化有如天地運行般無窮，如河流股無止境，如四季般周而復始。這種組合就如五色、五聲、五味一樣，單純個數少，組合個數多。這就要求指揮作戰的人洞悉這種瞬息萬變的作戰態勢，巧妙地運用「奇」、「正」相輔相成之術，以取得勝利。

本篇後半部進一步論述了將帥應如何運用「勢」。這裡提出兩個方面，即「擇人」與「任勢」。高明的將領所造成的有利態勢，就像圓石從千仞之高的山上飛滾下來，勢不可擋。

本篇運用多處比喻，自然貼切，聲情並茂，即使除去軍事價值不談，也堪稱一篇文學佳作。

避實擊虛，以集滅散

原文

兵之所加，如以碫投卵者，虛實是也。

點評

避實就虛是《孫子兵法》的重要戰術原則之一。

所謂「虛」，是指力弱勢虛，即《孫子兵法》中所提到的怯、弱、亂、飢、勞、惰、歸、無備；所謂「實」，是指力強勢實，即《孫子兵法》中提到的勇、強、治、飽、佚（逸）、眾、有備。避實擊虛就是避開敵人的堅實強點，攻擊敵人的羸虛弱點。

必須指出：這裡所說的「虛」，並非敵人無關痛癢的「虛弱」之處，而是既為力弱勢虛之地，又是關鍵的要害部位。這就要求，決策者在確定作戰目標，擬定作戰計畫，選擇攻擊時間、攻擊方向之前，必須進行縝密的調查、思索、研究，精確無誤地判明敵人的虛實布局。否則，一旦弄巧成拙，可能一敗塗地。

在軍事上實施「避實擊虛」的行動，還必須善於「欺騙」和「偽裝」。《孫子兵法》道：「示形於敵，誘使其暴露而我軍不露痕跡，就能夠做到自己兵力集中，而使敵人的兵力不得不分散。我軍兵力集中於一處，敵人的兵力分散於十處，我就能以十倍於敵的兵力打擊敵人。這就造成了我眾敵寡的有利勢態。」

「避實擊虛」運用在商業上，其宗旨就是使企業自身在激烈的競爭中化被動為主動，由自己決定自己的命運。例如，要避免與實力雄厚的對手直接對抗，摸清市場對產品的需求量，善於開拓潛在的大市場，等等。

典故名篇

❖ 避實擊虛，輕取金陵

明太祖朱元璋死後，皇太孫朱允炆即位，史稱建文帝。

建文元年七月，燕王朱棣舉兵造反。燕軍與明朝官軍展開了長達兩年多的拉鋸戰，雙方各有勝負。儘管朱棣常常身先士卒，出生入死，但他所攻佔的城鎮，撤軍後很快又被官軍奪去。形勢對他越來越不利。他為此憂心忡忡。

正在這時，一名朝廷貶官前來投靠，向朱棣通報了都城空虛的情況。朱棣的心腹謀臣道衍也從北平派人送來書信，建議他「毋下城邑，疾趨京師；京師單弱，勢必舉。」

朱棣得計，猶如絕路逢生，大喜過望。

建文三年十二月，朱棣避開與明朝官軍正面作戰的戰場，破釜沉舟，遠襲京師，不到五個月就攻到長江北岸，與京師僅一水之隔。

建文帝沒有料到燕王會有此一舉，大軍全已派出，京城無力防衛，只好向燕王朱棣請求割地以和。朱棣勝券在握，豈肯罷手，揮師過江，一舉攻下京城。

京城陷落之後，建文帝下落不明。朱棣於是奪得帝位——即歷史上的明成祖。

❖ 佐佐木明敢與新力、松下、東芝爭天下

在日本，新力、松下、東芝、日立等頗有名氣的公司都擁有一流的人才、一流的設備和雄厚的資金。可是，一個叫佐佐木明的年輕人創辦了一家「微型系統科技公司」，偏偏要與新力、松下爭個高低。

「微型系統科技公司」的惟一商品是「向用戶提供某種產品的設計」。因此，也被人稱為「頭腦公司」。佐佐木明是記者出身，一無專業技術，二無先進設備，三無雄厚資金，想求得生存，談何容易。

他的對策是：避開大公司的現有產品，瞄準大公司尚未開發的潛

在市場，搶在大公司之前研製出新產品。

日本是個經濟大國，就業並不困難。但是，想找到一份好工作，沒有名牌大學的文憑，無異於妄想。因此，在日本，為人父母者都很為孩子的學習操心，許多人不惜重金聘請家庭教師，或是把孩子送入各類補習班補習。佐佐木明從這一司空見慣的現象中受到啟迪。他對全日本的中、小學生做了一個粗略統計，發現這樣的情況潛藏著一個驚人的數字——三千萬！這是一個最大的潛在市場。

於是，一台專供中、小學生使用的「學習機」很快問世。「學習機」是一種類似微型電腦的設備，只需配以中、小學教材的軟體，實惠很多。「學習機」設計出來之後，日本湯淺教育體系公司立刻買去，並投入批量生產。

「學習機」為日本中、小學生的學習助了一臂之力，也為佐佐木明贏得了巨大的財富和榮譽。

❖ 淘金熱中的啟迪

美國著名的企業家亞默爾原來是一介農夫。最初，他捲進了當時美國加州的淘金熱潮。不久，他發現自己的黃金夢難圓。這時，他注意到當地礦場氣候乾燥，水源缺乏，淘金者很難喝到水。甚至有飢渴難忍的掘金者聲稱：「給我一杯清水，我願用一塊金子交換。」於是，他轉移目標——賣水。他用挖金礦的鐵鍬挖井，掘出了地下水。

然後，他把水送到礦場，受到淘金者的熱烈歡迎。亞默爾從此走上了發跡之路。

無獨有偶，李維斯（LEVI'S）公司的創始人李維·施特勞斯也投入這股淘金熱中，並獲得了他的第一桶金。這桶金也不是來自金礦，而是牛仔褲。

李維乘船到舊金山開展業務。下船後，巧遇一個淘金工人。他忙迎上去開口相詢：「你要帆布搭帳篷嗎？」那工人回答：「我們需要的不是帳篷，而是淘金時穿的耐磨、耐穿的帆布褲子。」

李維深受啟發，當即請裁縫給那位「淘金者」做了一條帆布褲子。這就是世界上第一條工裝褲。如今，這種工裝褲已經成了一種世界性服裝——牛仔服。

從亞默爾和李維的發財經歷，我們可以得出一個結論：做事情，要善於發現無人涉足的領域，敢於在沒有路的地方開闢出一條新路。要創新，必須改變自己的思維方式：路走不通，就換個角度看問題，從習以為常的事物中發現新的路徑。

這兩人改變了自己舊有的兩個想法：一、只有淘金才能發財；二、要發財，就必須發大財。他們選擇了賣水與賣褲子這兩條路。賣水、賣褲子雖然賺的錢少，但不需要多少本錢，而且競爭者少，市場容量大，積少成多，照樣可以發大財。

在市場過熱時，開發相鄰行業，避實擊虛，此一奇計也。

❖ 女老闆經營的「男人世界」

一般人逛街時，常常發現這樣的現象：大街小巷，商場超市多是女人的世界，女性商品琳瑯滿目，男性商品卻屈指可數。在這個熱衷於女性商品的市場形勢下，侯紫薇女士卻選擇了男性用品，創辦了「男人世界」。

侯紫薇說：「因為男人太辛苦了……深圳特區創辦16年，市場經濟日趨繁榮，當年毅然南下的小伙子大多已事業有成。現在他們既要整天忙於工作，回到家裡又要盡為人父母的責任，所以他們在生活中很辛苦。他們也需要關心，需要有所寄託。再者，肩負的工作責任又使他們沒有充裕的時間去為妻子、兒女挑選稱心的禮品，或是為自己添件合體的衣服。而且，男人獨有的嗜好、品味也需要滿足。」

她慧眼獨具，避開競爭激烈的女性市場，投身於很少有人關注的男性市場。

她耗資20萬的電腦噴塗店招牌掛在深圳華強北路黃金地段，與「女人世界」毗鄰，競相生輝。商場內，一千平方米的大堂和二、三樓被劃分為名牌洋服區、男士皮具區、休閒服裝區、精品書區、名酒區、體育用品區。所有與男士消費、休閒相關的產品均可在此找到，各種世界名牌，諸如皮爾・卡丹、金利來、佐丹奴、彪馬運動服、耐克運動鞋等應有盡有。價格有平有高，都是廠家直接代理的貨真價實的產品。

對於這個新開闢的商業領域，需要去探索、創新，做出自己的特點。侯紫薇認為，做男性商品，品味很重要：「因為男性專業市場還不是很成熟，所以很多方面還不完善。但是，我們很講究品味，重視內容。有顧客需要，就必須有與之配合的服務。要使男性消費者來到這裡，不致空手而歸。」

出奇制勝，防不勝防

原文

凡戰者，以正合，以奇勝。故善出奇者，無窮如天地，不竭如江河。

點評

奇和正是我國古代的軍事術語。所謂「正」，是指指揮作戰所運用的「常法」；所謂「奇」，是指指揮作戰所運用的「變法」。

例如：從正面進攻為「正」，從側、後襲擊為「奇」。又如：常規的指揮原則和方法為「正」，隨機應變、慧心獨具的指揮原則和方法為「奇」。

出奇制勝，就是動用特殊手段，以變幻莫測、出人意料的謀略戰勝敵人。

孫子說：「戰勢不過奇、正兩種，然而，奇、正的變化不可窮盡。奇、正相互轉化，就像順著圓環旋轉那樣，找不到端點，誰能窮盡它呢？（『戰勢不過奇正，奇正變化，不可勝窮也。奇正相生，如循環之無端，孰能窮之？』）」能不能活用奇正之術，出奇制勝，是檢驗戰場上各級指揮官是否高明的試金石。

公元前七一八年，鄭國與燕國在北制（今河南滎陽縣境）交戰。鄭軍將三軍部署於燕軍正面，以「正兵」惑敵。待燕軍把主力調到正面，鄭軍突出「奇兵」，偷襲燕軍側後，將燕軍擊潰。

第二次世界大戰，前蘇聯傑出的軍事家朱可夫指揮了著名的巴格拉季昂戰役。當時，德軍統帥部一致認為蘇軍將在便於坦克和裝甲部隊行動的烏克蘭地區發動進攻，因而加強了烏克蘭地區的防禦。但朱可夫偏偏沒有在烏克蘭地區出現，而是選擇了不便於坦克、裝甲部隊行動的白俄羅斯森林沼澤地帶發起突擊，將德軍打得大敗。

典故名篇

❖ 希特勒營救墨索里尼

第二次世界大戰正緊張進行之際，義大利陸軍總參謀長羅西奧將軍成功地發動了一次「政變」，解除了義大利元首墨索里尼的所有職務。為防止墨索里尼的死黨將其主子劫走，先後將他祕密轉移到加埃塔、龐托萊內島、蓬察島、馬達累納島，最後把他囚禁在大薩索山上的「均普將軍飯店」。

希特勒得知這一消息，決心把墨索里尼從均普將軍飯店裡救出。他把任務交給特種部隊頭目斯科爾茲內。斯科爾茲內選擇了「空降」——他認為，除此之外，別無良謀。

大薩索山位於羅馬東北120公里的亞平寧山脈頂峰，而均普將軍飯店位於半山腰海拔二千公尺處一個不大的平台上。平時從山下到飯店，都乘坐電纜車。上山的小路只有一條，有士兵守衛。若欲從山下向山上發起正面進攻，沒有一個師的兵力，只能是空想。

一九四三年9月12日下午2點，斯科爾茲內率領特種部隊乘坐兩架滑翔機，平安地在距飯店僅40公尺米的地方降落。當第一個士兵抱著衝鋒槍跳出滑翔機時，守衛的義大利士兵竟握著槍不知所措。斯科爾茲內第2個跳出滑翔機。他指揮幾十名士兵，以迅雷不及掩耳的速度衝入飯店，將守衛飯店的義大利士兵全部消滅，救出了墨索里尼。

飯店外，一架名為「費塞勒怪鳥」的輕型接應飛機正焦急地等候墨索里尼和斯科爾茲內。輕型飛機的載重量有180公斤，墨索里尼體重90公斤，斯科爾茲內也重達90公斤。斯科爾茲內將墨索里尼扶上飛機，自己小心地在他身邊坐下。然後，飛機強行起飛，載著這兩個「龐然大物」，成功地離開了大薩索山。

這是二戰之際，一次堪稱奇蹟的空降救援行動。

❖「百事」小弟挑戰「可口」大哥

「可口可樂」自一八八六年問世以來，在長達半個世紀的歲月中，一直獨霸美國飲料市場，是飲料王國中名副其實的巨人。

後來，凱萊布・布拉伯漢把一種叫作「布拉德」的飲料改名為「百事可樂」，向「可口可樂」發起挑戰。但是，「可口可樂」太強大了，「百事可樂」只能遠遠地跟在後面，充當一個小而又小的「兄弟」。

隨著時光的推移，「小兄弟」百事可樂逐漸成熟。它發現可口可樂有一個致命的弱點：幾十年過去了，可口可樂的配方、它的經營原則，甚至裝可口可樂的瓶子，都沒有任何變化。在亞特蘭大，可口可樂的經理們還配合那種古老、奇特的瓶子，推出一種自動冷飲機——投入一枚五分硬幣，即可買到一瓶可口可樂。

百事可樂大膽地改變自己的「包裝」，向市場推出一種12盎司的新型瓶裝百事可樂（可口可樂為6.5盎司瓶裝），售價也是5分錢一瓶。一時間，亞特蘭大城內到處是「五分錢買雙份」的喊聲。

面對百事可樂的挑戰，可口可樂束手無策，只好大幅度降價。

百事可樂贏了「一局」，「一發而不可收」——它針對可口可樂的「老傳統」形象，發動廣告大戰，把自己描繪成「年輕、朝氣、進取」，彷彿喝了百事可樂，人也會變得朝氣蓬勃一樣，而喝可口可樂則成為「因循守舊，不合時尚」的象徵。果然，這一舉使百事可樂的銷售額猛增。待可口可樂對此做出反應時，百事可樂已牢牢鞏固了自己的「陣地」，再也不是「小兄弟」了。

❖ 未來海報廣告公司出「奇」制勝

法國的未來海報廣告公司創業之初，在某工作區張貼了一幅巨大的海報，海報上只有一個漂亮的女郎和一行文字。女郎穿三點式泳衣，雙手叉腰，體態健美，笑容可掬；身邊的一行文字是：

「九月二日，我將脫去上面的。」

過往行人和工作區的員工，誰也不知道這幅海報是什麼意思，也不知道是誰張貼的。一時之間，大家議論紛紛，都把目光盯在九月二日。

九月二日清晨，人們發現：那漂亮的女郎依舊雙手叉腰，向行人露出迷人的微笑，但「上面的」果然沒有了，裸露出健美的胸部。女郎身邊的一行字也換成：「九月四日，我將脫去下面的。」

出奇的海報不但引來過往行人和工作區員工評頭品足，還引起新聞記者的注意。各報記者四處探尋、採訪，希望能得到蛛絲馬跡，卻一無所獲。

九月四日凌晨，許多人早早起來，去海報處看個究竟。那漂亮的女郎「下面的」果然不見了。她背向行人，一絲不掛，身材修長、勻稱，是健與美完美無瑕的融合。女郎的身旁照舊有一行字：

「未來海報廣告公司，說得到，做得到！」

未來海報廣告公司頓時名播千里，家喻戶曉。

❖ 標新立異出奇效

做生意的手法當真是千奇百怪，有時候，抓住顧客消費時的心理特點，改變一下經營方式，標一標奇，立一立異，往往會收到意想不到的經濟效益。

倫敦人伊里奇開了一家飯店，自己兼任主廚。他的經營手法很奇特：凡顧客到店用餐，餐後結帳，侍者送上來的不是一般的帳單，而是一張開列著顧客所吃的飯菜項目的單子，請顧客填上願意支付的費用，侍者就按顧客所定的價錢收款。

伊里奇相信，倫敦的社會風氣還不至於那麼敗壞，上館子吃飯而不付錢的人畢竟是少數。甚至可以說，為了自尊，顧客只會多付錢，決不會少付。

事實上，他這家飯店自開張以來，顧客如雲，生意不但沒有虧本，盈利額甚至蒸蒸日上。來這裡用餐的人並非人人都慷慨大方，但都很懂禮貌，所付的飯菜錢總是很合理，並不少於飯店暗定的標準。只有那麼一回，兩位年輕的太太飽吃了一頓之後，只付了8個英鎊，便紅著臉匆匆離去。

伊里奇取得成功的另一個訣竅，是他憑著自己所擅長的法國、匈牙利、希臘和義大利料理的烹調術，每隔三、四天換一份菜單，以更新顧客的口味，吸引更多的顧客。

在日本大阪，有一家專營燒牛排的餐廳，由於生意清淡，僱用的員工很少，連處理顧客用過的刀叉盤碟的人手也成問題。為此，老闆心裡很是發愁。

一天，一位職工向老闆建議：何不改用筷子吃牛排？這麼一來，既可省去清洗刀叉之苦，又適合東方人的生活習慣。老闆覺得他言之有理，就接受了他的建議。

第二天，店門前掛出了一張「用筷子吃牛排」的海報。人們看後非常好奇，紛紛進店嘗試。一時間，門庭若市。這家餐廳的生意開始興隆起來。

這一招跟伊里奇的招數一樣，之所以取得成功，正在於抓住了顧客的消費心理：好奇、好玩、方便、愉快。

一個成功的企業家，他所考慮的問題，首先不是如何去賺顧客更多的錢，而是想方設法，不斷從各方面滿足顧客的需要。而自己的經濟利益就在這上門的顧客不斷滿足的過程中，得以實現。

虛實篇

原文

孫子曰：凡先處戰地而待敵者佚①，後處戰地而趨戰者勞②。

故善戰者，致人而不致於人③。能使敵人自至者，利之也④；能使敵人不得至者，害之也⑤。故敵佚能勞之⑥，飽能飢之，安能動之⑦。

出其所不趨⑧，趨其所不意。行千里而不勞者，行於無人之地也⑨。攻而必取者，攻其所不守也⑩；守而必固者，守其所不攻也⑪。故善攻者，敵不知其所守；善守者，敵不知其所攻⑫。微乎微乎，至於無形⑬，神乎神乎，至於無聲⑭，故能為敵之司命⑮。

進而不可禦者，衝其虛也⑯；退而不可追者，速而不可及也⑰。故我欲戰，敵雖高壘深溝，不得不與我戰者，攻其所必救也⑱；我不欲戰，畫地而守之⑲，敵不得與我戰者，乖其所之也⑳。

故形人而我無形㉑，則我專而敵分㉒。我專為一，敵分為十，是以十攻其一也㉓，則我眾而敵寡；能以眾擊寡者，則吾之所與戰者約矣㉔。吾所與戰之地不可知㉕；不可知，則敵所備者多；敵所備者多，則吾所與戰者寡矣㉖。故備前則後寡，備後則前寡；備左則右寡，備右則左寡；無所不備，則無所不寡㉗。寡者，備人者也㉘；眾者，使人備己者也㉙。

故知戰之地，知戰之日，則可千里而會戰㉚；不知戰地，不知戰日，則左不能救右，右不能救左，前不能救後，後不能救前，而況遠者數十里，近者數里乎㉛！

以吾度之㉜，越人之兵雖多㉝，亦奚益於勝敗哉㉞？故曰：勝可為也㉟。敵雖眾，可使無鬥㊱。

故策之而知得失之計㊲，作之而知動靜之理㊳，形之而知死生之地㊴，角之而知有餘不足之處㊵。故形兵之極，至於無形㊶；無形，則深間不能窺，智者不能謀㊷。因形而錯勝於眾㊸，眾不能知；人皆知我所以勝之形㊹，而莫知吾所以制勝之形㊺。故其戰勝不復㊻，而應形於無窮㊼。

夫兵形象水㊽。水之形，避高而趨下；兵之形，避實而擊虛㊾。水因地而制流，兵因敵而制勝㊿。故兵無常勢，水無常形(51)；能因敵變化而取勝者，謂之神(52)。故五行無常勝(53)，四時無常位(54)，日有長短，月有死生(55)。

注釋

①凡先處戰地而待敵者佚：處，佔據。佚，即「逸」，指安逸、從容。此句言：作戰中，若能率先佔據戰地，就能使自己處於以逸待勞的主動地位。

②後處戰地而趨戰者勞：趨，奔赴；此處為倉促之意。趨戰，倉促應戰。此句意為：作戰中，若後據戰地，倉促應戰，則疲勞、被動。

③致人而不致於人：致，招致、引來。致人，調動敵人。致於人，為敵人所調動。

④能使敵人自至者，利之也：利之，以利引誘。意為能使敵人自來，乃是以利引誘的緣故。

⑤能使敵人不得至者，害之也：害，妨礙、阻撓之意。此言能使敵人到達不了戰地，乃是牽制敵人的結果。

⑥勞之：勞，使之疲勞。

⑦安能動之：言敵若固守，我就設法使他移動。

⑧出其所不趨：出，出擊。出兵要指向敵人無法救援的地方，即擊其空虛。不，這裡作「無法、無從」解。

⑨行千里而不勞者，行於無人之地也：無人之地，喻敵鬆懈無備之處。意為：我行軍千里而不致勞累，乃因行於敵鬆懈無備處之故。

⑩攻而必取者，攻其所不守：言出擊而必能取勝，是由於所擊的是敵人防守空虛之地。

⑪守其所不攻也：所守之處是敵人無法攻取的地方。

⑫故善攻者，敵不知其所守；善守者，敵不知其所攻：此句謂：善於進攻的軍隊，敵人不知防守何處；善於防守的軍隊，敵人不知進攻何處。

⑬微乎微乎，至於無形：微，微妙。此句謂：將虛實運用到微妙極致，則無形可睹。

⑭神乎神乎，至於無聲：神，神奇、神妙。將虛實運用到神奇之至，則無聲息可聞。

⑮司命：命運之主宰。

⑯進而不可御年者，衝其虛也：禦，抵禦。衝，攻擊、襲擊。虛，虛懈之處。此言：我軍進擊而敵無法抵禦，是由於攻擊點正是敵之虛懈處。

⑰退而不可追者，速而不可及也：速，迅速、神速。及，趕上、追上。此句意為：我軍後撤而敵不能追擊，是因我後撤迅速，敵追趕不及。是故，撤退的主動權操於我手。

⑱故我欲戰攻其所必救也：必救，必定救援之處；喻利害攸關之地。此句意為：由於我已掌握了作戰主動權，故當我欲與敵進行決戰，敵不得不從命。之所以如此，是因為我所選擇的攻擊點是敵之要害處。

⑲畫地而守之：畫，界限；指畫出界限。畫地而守，即據地而守；喻防守頗易。

⑳乖其所之也：乖，違、相反；此處有改變、調動的意思。之，往、去。此句意謂：調動敵人，將其引往他處。

㉑故形人而我無形：形人，使敵人現形。形，此處作動詞用，顯露的意思。我無形，即我無形跡（隱蔽真形）。

㉒我專而敵分：我專一（集中）而敵分散。

㉓是以十攻其一也：指我軍在局部上對敵，擁有以十擊一的絕對

優勢。

㉔吾之所與戰者約矣：約，少、寡。此句言：能以眾擊寡，則我欲擊之敵必定弱小，難有作為。

㉕吾所與戰之地不可知：即我準備與敵作戰之戰場地點，敵無從知曉。

㉖不可知，則敵所備者多；敵所備者多，則吾所與戰者寡矣：此句意為：我欲與敵接戰之地，敵既無從知曉，就不得不多方防備，這樣，敵之兵力勢必分散；敵之兵力既已分散，則與我局部交戰之敵就弱小且容易戰勝他了。

㉗無所不備，則無所不寡：如果處處設防，必然處處兵力寡弱，陷入被動。

㉘寡者，備人者也：言兵力之所以相對薄弱，在於分兵備敵。

㉙眾者，使人備己者也：言兵力所以佔有相對優勢，是因為迫使對方分兵備戰。

㉚故知戰之地，知戰之日，則可千里而會戰：如能預先了解戰場的地形條件與交戰時間，則可以赴千里與敵交戰。

㉛不知戰地……近者數里乎：言若不能預先知道戰場的條件與作戰之時機，則前、後、左、右自顧不暇，不及相救。更何況，作戰行動，往往是在方圓數里甚至數十里的範圍內展開呢！

㉜以吾度之：度，推測、推斷。

㉝越人之兵雖多：越人之兵，越國的軍隊。春秋時期，晉、楚爭

霸，晉拉攏吳以牽制楚國，楚則利用越抗衡吳國，吳、越之間長期征伐不已。孫子為吳王論兵法，自然以越國為吳的假相心敵。

㉞亦奚益於勝敗哉：奚，何、豈。益，補益、幫助。謂越國軍隊人數雖眾，然不能知眾寡分合的運用，則豈利於其取勝之企圖？

㉟勝可為也：為，造成、創造、爭取之意。言勝利可以積極創造。《軍形篇》中，孫子從戰爭之客觀規律發論，曰：「勝可知而不可為。」此處從主觀能動性發論，認為只要充分發揮主觀能動性，勝利便可獲得。即言「勝可為」。兩者之間並不矛盾。

㊱敵雖眾，可使無鬥：言敵人雖多，但因我擁有主動權，因而我方能創造條件，使敵無法與我較量。

㊲策之而知得失之計：策，策度、籌算。得失之計，即敵計之得失優劣。此言：我當仔細籌算，以判斷敵人作戰計畫之優劣。

㊳作之而知動靜之理：作，興起；此處指挑動。動靜之理，指敵人的活動規律。意為：挑動敵人，藉以了解其活動的一般規律。

㊴形之而知死生之地：形之，以偽形示敵。死生之地，指敵之優勢所在或薄弱、致命環節。地，同下文「處」，非實指戰地。言以示形於敵的手段，探知敵方的優劣環節。

㊵角之而知有餘不足之處：角，較量。有餘，指實、強之處。不足，指虛、弱之處。此言通過與敵進行試探性的較量，掌握敵人的虛實強弱。

㊶故形兵之極，至於無形：形兵，指軍隊部署過程中的偽裝、佯動。言我示形於敵，使敵不得我真，以至形跡俱無。

㊷深間不能窺，智者不能謀：間，間諜。深間，指隱藏極深的間諜。窺，刺探、窺視。示形佯動達到最高境界，則敵之深間也無從推測底細，聰明的敵人也束手無策。

㊸因形而錯勝於眾：因，由、依據；因形，根據敵情而靈活應變。錯，同「措」，放置、安置之意。言依據敵情而取勝，將勝利呈於眾人面前。

㊹人皆知我所以勝之形：人們只知道我克敵制勝的情況。形，形狀、形態；這裡指作戰方法。

㊺而莫知吾所以制勝之形：可是無從得知我如何克敵取勝的內在奧妙。制勝之形，取勝的 妙、規律。

㊻故其戰勝不復：復，回復。言克敵制勝的手段不回復。

㊼應形於無窮：應，適應。形，形狀、形態；此處特指敵情。

㊽兵形象水：此言用兵的規律如同水的運動規律一樣。兵形，用兵打仗的形制、方法；亦可解為用兵的規律。

㊾兵之形，避實而擊虛：言用兵的原則是避開敵人堅實之處，攻其空虛薄弱的地方。

㊿水因地而制流，兵因敵而制勝：制，制約、決定。制勝，制服敵人以取勝。此句意為：水之流向受地形高低不同的制約，作戰中的取勝方法則依據敵情不同而決定。

51兵無常勢，水無常形：即言用兵打仗，無固定刻板的態勢，似流水一般，並無一成不變之形態。勢，態勢。常勢，固定永恒的態勢。常形，一成不變的形態。

52能因敵變化而取勝者，謂之神：意為：若能依據敵情的變化而靈活處置以取勝，則可視之為用兵如神。

53故五行無常勝：五行，木、火、土、金、水。古代認為，這是物質組成的基本元素。戰國五行學說指出，這五種元素的彼此關係是相生又相勝（相剋）的。孫子此言，謂其相生相剋間變化無定數。用兵之策略同此，奇妙莫測。

54四時無常位：四時，指四季。常位，指一定的位置。此言春、夏、秋、冬四季推移變換，永無止息。

55日有長短，月有死生：日，指白晝。死生，指月盈虧晦明的變化。句意為：白晝因季節變化而有長有短，月亮循環因而有盈虧晦明。此處孫子言五行、四時及日月變化，均是「兵無常勢」之意。

譯文

孫子說：凡先佔據戰場以等待敵人的就主動、安逸，而後到達戰場，致倉促應戰的就疲憊、被動。所以，善於指揮作戰的人，總是能夠調動敵人而不被敵人所調動。能夠使敵人自動到達我預定之地域的，是用小利引誘的緣故；能夠使敵人不能抵達其預定地域的，則是設置重重困難阻撓的緣故。敵人休整得好，就設法使他疲勞；敵人糧食充足，就設法使他飢餓；敵人駐紮安穩，就設法使他移動。

要出擊敵人無法馳救的地方，奔襲敵人未曾預料之處。行軍千里而不勞累，是因行進的是敵人沒有防備的地區；進攻而必能取勝，是因進攻的是敵人不曾防禦的地點；防禦而必能穩固，是因扼守的是敵人無法攻取的地方。所以，善於進攻的，能使敵人不知道該如何防守；善於防禦的，能使敵人不知道該怎麼進攻。微妙啊，微妙到看不出任何形跡！神奇啊，神奇到聽不見絲毫聲音！所以，我能夠成為敵人命運的主宰。

前進而使敵人無法抵禦，是由於襲擊敵人懈怠空虛的地方；撤退而使敵人不能追擊，是因為行動迅速，致敵人追趕不及。所以、我軍要交戰時，敵人即使高壘深溝，也不得不出來與我交鋒，是因為我們攻擊了敵人所必救的地方；我軍不想交戰時，佔據一個地方防守，敵人也無法同我交鋒，是因為我們誘使敵人改變了進攻的方向。

要使敵人顯露真實情況而我軍不露痕跡，這樣，我軍兵力就可以集中而敵人的兵力卻不得不分散。我們的兵力集中於一處，敵人的兵力分散在十處，這樣，我們就能以十倍於敵的兵力進攻敵人，從而造成我眾而敵寡的有利態勢，能做到集中優勢兵力攻擊劣勢敵人，那麼同我軍正面交戰的敵人也就有限了。我們所要進攻的地方，敵人很難知道；既無從知道，那麼他所需要防備的地方就多了；敵人防備的地方愈多，那我們所要進攻的敵人就愈是單薄。因此，防備了前面，後面的兵力就薄弱；防備了後面，前面的兵力就薄弱；防備了左邊，右邊的兵力就薄弱；防備了右邊，左邊的兵力就薄弱。處處防備，就處處兵力薄弱。兵力之所以薄弱，是因為處處分兵防備；兵力之所以充足，是因為迫使對方處處分兵防備。

所以，如能預知交戰的地點、時間，即使跋涉千里，也可以去同敵人會戰。不能預知在什麼地方、什麼時間打，就會導致左翼救不了右翼，右翼救不了左翼，前面不能救後面，後面不能救前面的情勢；更何況，遠者數十里，近者亦達數里的範圍內，哪能做到應付自如呢？依我分析，越國的軍隊雖多，對於決定戰爭的勝負又有什麼幫助呢？所以說，勝利是可以達成的。敵軍雖多，可以使他無法同我較量。

所以，要通過認真的籌算，分析敵人作戰計畫的優劣得失；通過挑動敵人，探知敵人的活動規律；通過佯動示形，試探敵人生死命脈之所在；通過小規模的交鋒，偵測敵人兵力的虛實強弱。所以，佯動示形進入最高境界，就再也看不出什麼形跡。看不出形跡，那麼，即使是深藏的間諜也窺察不了底細，老謀深算的敵人也想不出對策。根據敵情的變化而靈活地運用戰術，即便把勝利擺在眾人面前，眾人仍然不能看出其中的奧妙。眾人只能知道我用來戰勝敵人的辦法，卻無從知道我是怎樣運用這些辦法出奇制勝。所以，每次勝利，都不是簡單的重複，而是適應不同的情況，變化無窮。

用兵的規律就像流水。流水的屬性是避開高處而流向低處，作戰的規律是避開敵人的，堅實之處而攻擊敵之弱點。水因地形的高低而制約其流向，作戰則根據不同的敵情而制定取勝的策略。所以，用兵打仗沒有固定刻板的態勢，正如水的流動沒有一成不變的形態一樣。能夠根據敵情的變化而靈活機動取勝，就稱作用兵如神。五行相生相剋，沒有固定的常勢；四季輪流更替，沒有不變的位置；白天有長有短，月亮也有圓有缺。

講解

本篇名為「虛實篇」，把「虛」、「實」這對矛盾提到標題地位，是因為這兩者是解決用兵問題的關鍵。實質上，本篇講的是如何集中自己的優勢兵力突擊敵人的薄弱環節。這是兵家制勝術之一。

本篇開篇便說：「善戰者，致人而不致於人。」這是極其重要的主動權問題，它的含義是：「高明的將領，應該去調動別人而不被敵人所調動。」也就是我們所說的：「爭取主動，先發制人。」戰爭中最講究先發制人，因為誰掌握了主動權，誰就能夠取得勝利。所以，「主動」一直是古往今來兵家所追求。

如何奪取主動權呢？孫子給我們提出了許多行之有效的方法。

比如以十擊一。它是說，運用某種手段分散敵人的兵力部署，將它分散為十份，我方再去攻打，這就相當於我方用十倍的兵力去攻打敵人了。

再比如避實就虛，強調的是兵力在分配方向上的不平衡，針對敵人的不同部分，產生的效果也不一樣。這裡要注意虛與實這對矛盾。避實而擊虛，虛破則實滅；避強而擊弱，弱亡則強消。攻者奇正並用，守者虛實結合，這樣的戰術才能顯出精彩無限！

本篇中，孫子還提出了這樣一個比喻：兵形象（像）水。所謂戰爭，與流水一樣，無成勢、無恒形，沒有固定的規律。只有視敵方、戰場具體情況的變化而變化才是取勝之道。兵法中稱此為「神」。

爭取主動，避免被動

原文

凡先處戰地而待敵者佚，後處戰地而趨戰者勞。故善戰者，致人而不致於人。

點評

在一場戰爭中，誰掌握了戰爭的主動權，誰就能取勝。因此，爭取主動，避免被動，歷來是兵家所不懈追求，渴望得到的。

如何才能爭取主動，避免被動？用孫子的話說，就是：「凡先處戰地而待敵者佚，後處戰地而趨戰者勞。」意思是：凡先到達戰場等待敵人的就主動、從容，後到達戰場倉猝應戰的就疲勞、被動。

想先處戰地，捷足先登，離不開一個字：「快」。這是一個速度問題，也是一個力量問題。因為速度和力量成正比，沒有足夠的力量，速度只能是一句空話。

軍事上，先處戰地，就能先敵做好準備，進行休整，完成部署，以逸待勞，從容作戰。掌握了戰場的主動權，就能調動敵人，使敵人疲於奔命，從而達到保全自己，消滅敵人的目的。

典故名篇

❖生死關頭，先發制人

公元一三年，漢明帝派班超率領36名將士出使西域，想跟西域各國建立友好關係。班超首先到了鄯善國。國王熱情接待了他們。可是，沒幾天，國王突然對他們冷淡起來。班超尋思：準是匈奴使者也到了鄯善國。匈奴人多勢眾，國王懼怕匈奴人，當然就冷淡我們了。

恰在此時，鄯善國侍者前來送飯。班超突然問道，「匈奴使者住在哪兒？」

鄯善國本來對這件事瞞得很嚴，不料被班超一語說破，侍者以為班超早已知道此事，只好如實奉告。班超立即把侍者扣留起來，對隨行的36人說：「匈奴人剛到這裡，國王的態度就變了！如果他派兵把我們抓起來，交給匈奴人，那還能活命嗎？」

眾人都道：「事到如今，只有同舟共濟。生死關頭，一切聽從將軍指揮！」

「不入虎穴，焉得虎子！」班超奮然道：「只有殺了匈奴使者，才能斷絕鄯善國王投靠匈奴人的念頭。」

當晚，氣溫驟降，飛沙走石，班超率30餘輕騎，頂著寒風，直奔匈奴人的駐地。接近營寨之時，班超命十人持鼓，繞到營寨後面，叮囑他們見前面火起，就擊鼓呼喊，虛張聲勢；又命二十人各持弓箭、刀槍，摸到敵營前埋伏。一切布置停當，班超率領數騎衝進敵營，順風放火。霎時，火光四起，戰鼓聲、喊殺聲響成一片。匈奴人從夢中驚醒，恐慌失措，頓時亂成一團。班超一馬當先，連殺三人。部下一擁而上，匈奴使者和30多名隨從當場被砍死，餘下的百餘名匈奴士卒全部葬身火海。班超部下無一人傷亡。

第二天，班超將匈奴使者的頭扔到鄯善國王腳下。鄯善國王嚇得面如土色。班超乘機向他宣揚漢朝的德威，勸他與漢和好。鄯善國王本來對匈奴經常前來勒索財物就有所不滿，又見漢使有勇有謀，當即答應與漢朝建立友好關係。

由於班超主動出擊，取得了出使西域的第一個勝利。其後，他又處處爭取主動，避免被動，先後使于闐、疏勒等西域諸國歸服了漢朝。此後，他治理西域30多年，為當地的發展做出了巨大的貢獻。

❖ 萬寶路的成名之路

萬寶路香菸是當今世界上最暢銷的香菸。即便是在當今禁菸大潮越來越激烈的情況下，它的銷售額仍能扶搖直上，不斷刷新。

萬寶路香菸之所以能取得如此巨大的成功，有其質量方面的原因，更主要的關鍵在於它卓越的廣告宣傳。現在它的產品形象已深入人心，以至於世界上有這樣一種說法：如果一個人打算變得歐洲化一些，他必須去買一部賓士或寶馬；但當一個人想要美國化，他只需抽萬寶路、穿牛仔衣就可以了。這裡，萬寶路已不僅是一個企業產品的品牌，而且成為美國文化的一部分。

在此，回首萬寶路的誕生與發展的過程，它能給我們帶來更多的思考和啟發。

萬寶路誕生時，以女性菸民為主要對象。美國的20年代被稱作是「迷惘的時代」，萬寶路的創始人決定生產一種專對婦女口味的香菸。針對當時的社會風氣，他給這種香菸取名萬寶路，意為：「男人總是忘不了女人的愛。」用意在於爭取女性菸民當「紅顏知己」。萬寶路從一九二四年問世，一直到50年代，始終默默無聞。它氣質溫柔的廣告形象似乎並未給廣大的女性群體留下多少深刻的印象。

為此，生產萬寶路香菸的菲利普公司開始考慮重塑萬寶路的形象，以期打出名氣和銷路。經過一番改頭換面，新的萬寶路形象產生了。產品品質不變，包裝採用當時首創的平開式盒蓋技術，並將其名稱的標準字尖角化，使之更富於男性的剛強，並用紅色作為外盒的主要色彩。

萬寶路的廣告也起了重大的變化，不再以婦女為主要對象，而是用硬錚錚的男子漢。廣告中所強調的男子漢氣概，吸引了所有追求這種氣概的顧客。

菲利普公司多方尋找具有男子漢氣概的人做廣告主角，最後，這個理想中的男子漢形象集中到美國牛仔身上。在菲利普公司所做的萬寶路廣告上，出現了這樣一個形象：一個目光深沉、皮膚粗糙，渾身散發著粗獷、豪氣的男子，高高捲起袖管，露出多毛的手臂，手指夾著一支冉冉冒煙的萬寶路香菸。

這則滌盡女人脂粉味的廣告於一九五四年問世，給萬寶路香菸帶來了巨大的財富。僅一九五四至一九五五年間，萬寶路的銷售量就提高了3倍，一躍成為全美第10大香菸品牌。一九六八年，其市場佔有量上升到全美同行的第2位。其後，更是一路過關斬將，蒸蒸日上。

❖ IBM的成功之道

IBM是世界電腦市場的龍頭老大，從二十世紀二、三〇年代白手起家，六〇年代就已佔領了電腦市場的三分之二。到九〇年代，IBM仍然在電腦世界中獨佔鰲頭，它所擁有的資產已超過五百億美元。

商場即戰場。IBM的發展並不是一帆風順，它也有競爭、挑戰和對手。然而，面對每次競爭，它總是力爭主動，在戰勝對手的過程中使自己一步步強大起來。

在電腦市場，首先向IBM開炮的是雷明頓·蘭德公司。一九五一年，蘭德公司向美國統計局出售了第一台商用電腦，向IBM發起了挑戰。

不同於體育比賽能夠由雙方交替發動進攻，商業競爭的成敗，決定於各自的經濟實力、謀略和下手的時機。誰搶先在這些方面佔據優勢，掌握主動權，誰就是勝利者。

所以，蘭德公司的進攻使IBM的主席小沃森大吃一驚。他立即召開上層會議，研究對策。

IBM傾注全部實力，從宣傳攻勢到網羅專家，從佔據技術領先優勢到研究開發更新的產品，每一步都精心設計，巧妙安排；同時，密切注意蘭德公司的動向，分析對方的每一個企圖。這種全方位的進攻果然使它在這場競爭中佔據了上風，一路領先。蘭德公司在強敵面前敗得潰不成軍，落荒而逃。

一波剛平，一波又起。一些陸續強大起來的電腦公司聯合起來，結成了陣容龐大的盟軍，向IBM射去密集的炮彈，想一舉轟毀IBM的陣地。在這場圍剿戰中，盟軍耗去了高達30億美元的廣告費。

面對盟軍異常凌厲的攻勢，IBM沒有四面出擊，以牙還牙。它採取了最優秀的防禦策略——推陳出新，不斷用自己更新、更優良的新產品取代過時的舊產品，以最優質的產品取得市場的主動權。

IBM推出了這樣的廣告詞：比IBM更優良、更便宜、更好。很快，它的新產品XT型個人用電腦上市了，它具有硬碟裝置，能存儲五千頁資料。市場上響起了一片叫好聲。

盟軍的叫囂聲漸漸減小，給人一種後勁不足的感覺。

緊接著，裝備全新微處理機的AT型個人用電腦又在電腦新產品展覽會上一展雄姿，大放異彩。它的功能，沒有其它任何一家電腦公司敢與之抗衡。

盟軍陣腳大亂，無數中小型電腦公司被迫關門或嚴重虧損。

IBM在發展過程中，時時都在迎接挑戰，每一次都能以多變的謀略爭得主動，將對手打倒在地，從而保住了自己在電腦行業中的王者地位。

隨機應變，用兵如神

原文

故兵無常勢，水無常形；能因敵變化而取勝者，謂之神。

點評

戰場上的情況瞬息萬變。因此，選擇作戰方向、制定作戰方針，以及實施作戰計畫，都必須隨著敵人情勢的變化而變化。紙上談兵、墨守成規、按圖索驥，只能被戰爭的汪洋大海所淹沒。

公元前五〇六年，孫子和伍子胥率吳國精兵6萬殺奔楚國。吳國位處於長江下游，故吳軍精於水戰。但是，行至淮水，孫子下令棄船上岸。原因是：逆水行船，行軍速度緩慢，楚國將因此得到充足的時間做好準備。吳軍快速行軍，直達漢水。楚將子常率大軍迎戰。孫子探知子常是個好大喜功之人，判斷他定會趁吳軍立足未穩，夜間前來劫營，於是設下埋伏，不但一舉將子常派來偷襲的軍隊消滅，還趁機殺入楚軍大管。子常奮力死戰，孤身一人逃得性命。吳軍大獲全勝。

敵變我變，關鍵在於一個「先」字；即必須搶在敵人下一次再「變化」之前，馬上改變已經「過時」的作戰計畫，掌握戰場主動權，先發制人。

典故名篇

❖ 識破計策，大破敵陣

漢景帝即位不久，吳王劉濞勾結早已蓄謀造反的六個諸侯王，統率二十萬大軍，勢如破竹，殺向京城。景帝任命中尉周亞夫為前線統帥，火速趕往前線，擋住劉濞。

周亞夫情知戰事險峻，只帶了少數親兵，駕著快馬輕車，匆匆向洛陽趕去。行至灞上，他得到密報：劉濞收買了許多亡命之徒，在自京城至洛陽的崤澠之間設下埋伏，準備襲擊朝廷派往前線的大將。周亞夫果斷地避開崤澠險地，繞道平安，到達洛陽，進兵睢陽，佔領了睢陽以北的昌邑城，深挖溝，高築牆，斷絕了劉濞北進的道路。隨後，又攻佔淮泗口，斷絕了劉濞的糧道。

劉濞的軍隊在北進受阻之後，掉頭傾全力攻打睢陽城。但睢陽城十分堅固，而且城內有足夠的糧食和武器。守將劉武因為得到周亞夫的配合，率漢軍拼死守城。劉濞在睢陽城下碰得頭破血流，只得轉而去攻打昌邑，以求一逞。

周亞夫為了消耗劉濞的銳氣，堅守壁壘，拒不出戰。劉濞對他簡直無可奈何。

漸漸地，劉濞因糧道被斷，糧食日見緊張，軍心也開始動搖。劉濞害怕了。他調集全部精銳，孤注一擲，向周亞夫堅守的壁壘發起大規模的強攻，戰鬥異常激烈。

劉濞在強攻中採取了聲東擊西的戰略，表面上以大批部隊進攻漢軍壁壘的東南角，實際上將最精銳的軍隊埋伏下來，準備攻擊壁壘的西北角。但是，周亞夫棋高一著，識破了劉濞的計策。當堅守東南角的漢軍連連告急，請派援兵時，他不但不增兵東南角，反而把自己的主力調到西北角。果然，劉濞在金鼓齊鳴中，突然一擺令旗，傾其精銳，以排山倒海之勢向西北角發起猛攻，而且一次比一次更猛烈。

激戰從白天一直打到夜晚，劉濞的軍隊在壁壘前損失慘重，勇氣和信心喪失殆盡，加之糧食已經吃光，只好下令撤退。周亞夫哪肯放過這一大好時機，他命令部隊發起全面進攻，只一仗就把劉濞打得落花流水。劉濞見大勢已去，帶著兒子和幾千個親兵逃往江南。不久，被東越國王設計殺死。

周亞夫乘勝進兵，把其餘六國打得一敗塗地。楚王、膠西王、膠東王、淄川王、濟南王和越王先後自殺身亡。一場驚天動地的「七國之亂」就這樣平息了。

❖「為所有的人生產轎車！」

美國通用汽車公司的口號是：「為所有的人生產轎車！」

這絕不是一句空話。然而，真要做到、必須付出卓絕的努力。二十世紀30年代以前，出售價較高的高級汽車，買主和賣主皆大歡喜；30年代，因應經濟危機，研製出售價較低的轎車，順應了潮流；50年代，資本主義經濟復甦，一些大老闆向通用汽車公司訂購了高消費的豪華汽車，通用公司便推出了一批大型豪華汽車；到了50年代末、60年代初，許多消費者對小型豪華車分外垂青，通用公司敏銳地覺察到這一消費趨勢，立即將小型轎車「考貝爾」改裝成小型豪華車，領先汽車製造業的同行佔有了市場：70年代，石油危機的陰影籠罩全球，通用公司又研製出低能耗的輕型轎車，滿足了用戶的需求。

通用汽車公司始終把自己的命運與消費者的命運聯繫在一起，根據市場的變化，不斷地更新自己的產品，因而能在競爭激烈的世界汽車市場立於不敗之地。

❖一句話，使飯山賺了好幾億

飯山滋郎是日本三矢公司董事長，發跡前是專門生產超長和超短鉛筆的鉛筆商。

最初，由於生意不好，飯山窘迫不堪。一天，他信步走進一家冰淇淋，聽見店老闆在向顧客訴苦：「冰淇淋又要漲價了！原因是盛冰淇淋用的紙杯越來越貴。可是，紙的質量卻越來越差。」

言者無心，聽者有意。飯山目光一閃，心想：「紙杯貴，不用它就得了！自己身邊有的是木材，還有機器，幹嘛不用木片取代它呢！木片既便宜，又簡單。」

他立刻返回家中，開動機器、進行製作，很快就造出了盛冰淇淋的木片和竹籤。

飯山是個很會動腦的人，他知道冰淇淋的最大買主是兒童和年輕人，於是極力把木片和竹籤造得小巧玲瓏、美觀可愛。

果然，他的產品一投放到市場，立即贏得人們的喜愛。而且，由於其成本較低，很快取代了紙杯裝冰淇淋，在市場上流行起來。

一句話，使飯山滋郎賺了好幾億日元。

❖ 詹妮芙・帕克小姐決勝於千里之外

詹妮芙・帕克小姐是美國鼎鼎有名的女律師。在尚未成名之前，她曾被自己的同行——老資格的律師馬格雷愚弄過一次。然而，恰恰是這次愚弄、使馬格雷弄巧成拙，讓詹妮芙小姐名揚全美國。

事情的經過是這樣的：一位名叫康妮的小姐被美國「全國汽車公司」製造的一輛卡車撞倒，司機踩了煞車，卡車把康妮小姐捲入車下，導致她被迫切除了四肢，骨盆也被碾碎。康妮小姐說不清楚是自己在冰上滑倒，摔入車下，還是被卡車捲入車下。馬格雷巧妙地利用了各種證據，推翻了當時幾名目擊者的證詞，康妮小姐因此敗訴。

絕望的康妮小姐向詹妮芙·帕克小姐求援。詹妮芙通過調查，掌握了全國汽車公司近5年來的15次車禍——原因完全相同，汽車的制動系統出了問題，急煞車時，車子後部會打轉，把受害者捲入車底。於是，詹妮芙對馬格雷說：「卡車制動裝置有問題，你隱瞞了它。我希望汽車公司拿出二百萬美元給康妮小姐。否則，我們將會提出控告。」而老奸巨猾的馬格雷回答：「好吧！不過，我明天要去倫敦，一個星期後回來。屆時我們研究一下，再做出適當的安排。」

一個星期後，馬格雷卻沒有露面。詹妮芙覺察到自己上當了，但又不知道自己上了什麼當。

她的目光掃到日曆上——她恍然大悟：訴訟時效已經到期。她怒沖沖地給馬格雷打了個電話。馬格雷在電話中得意洋洋地放聲大笑：「小姐，訴訟時效今天過期，誰也不能控告我的當事人了！希望你下一次變得聰明些！」

詹妮芙幾乎給氣瘋了。

她問祕書：「準備好這份案卷，要多少時間？」

祕書回答：「要三、四個小時。現在是下午一點鐘，即使我們用最快的速度找到一家律師事務所，由他們草擬出一份新文件，交到法院，也來不及了。」

「時間！時間！該死的時間！」詹妮芙小姐在屋中團團直轉。突然，一道靈光在她的腦海中閃現：「『全國汽車公司』在美國各地都有分公司，為什麼不把起訴地點往西移呢？隔一個時區，就差一個小時啊！」

位於太平洋上的夏威夷在西十區，與紐約時差整整5個小時！

對！就在夏威夷起訴。

詹妮芙贏得了至關重要的幾個小時。她以雄辯的事實，摧人淚下的語言，使陪審團的男、女成員大為感動。陪審團一致裁決：詹妮芙小姐勝訴，「全國汽車公司」必須賠償康妮小姐六百萬美元！

軍爭篇

原文

孫子曰：凡用兵之法，將受命於君，合軍聚眾①，交和而舍②，莫難於軍爭③。軍爭之難者，以迂為直，以患為利④。故迂其途，而誘之以利⑤，後人發，先人至⑥，此知迂直之計者也⑦。

故軍爭為利，軍爭為危⑧。舉軍而爭利，則不及⑨；委軍而爭利，則輜重捐⑩。是故卷甲而趨⑪，日夜不處⑫，倍道兼行⑬，百里而爭利，則擒三將軍⑭，勁者先，疲者後，其法十一而至⑮；五十里而爭利，則蹶上將軍⑯，其法半至⑰；三十里而爭利，則三分之二至⑱。是故軍無輜重則亡⑲，無糧食則亡，無委積則亡⑳。

故不知諸侯之謀者，不能豫交㉑；不知山林、險阻、沮澤㉒之形者，不能行軍；不用鄉導㉓者，不能得地利。故兵以詐立㉔，以利動㉕，以分合為變㉖者也。故其疾如風㉗，其徐如林㉘，侵掠如火㉙，不動如山㉚，難知如陰㉛，動如雷霆㉜。掠鄉分眾㉝，廓地分利㉞，懸權而動㉟。先知迂直之計者勝㊱，此軍爭之法也。

《軍政》㊲曰：「言不相聞，故為金鼓㊳；視不相見，故為旌旗㊴。」夫金鼓旌旗者，所以一人之耳目也㊵。人既專一㊶，則勇者不得獨進，怯者不得獨退，此用眾之法也㊷。故夜戰多火鼓，晝戰多旌旗，所以變人之耳目也㊸。

故三軍可奪氣㊹，將軍可奪心㊺。是故朝氣銳，晝氣惰，暮氣歸㊻。故善用兵者，避其銳氣，擊其惰歸㊼，此治氣者也㊽。以治待亂

㊾，以靜待嘩㊿，此治心者也(51)。以近待遠，以佚待勞，以飽待飢，此治力者也(52)。無邀正正之旗(53)，勿擊堂堂之陳(54)，此治變者也(55)。

故用兵之法：高陵勿向(56)，背丘勿逆(57)，佯北勿從(58)，銳卒勿攻(59)，餌兵勿食(60)，歸師勿遏(61)，圍師必闕(62)，窮寇勿迫(63)，此用兵之法也。

注釋

①合軍聚眾：合，聚集、集結。此句意為：從民間徵集民眾，組織軍隊。

②交和而舍：兩軍營壘對峙而處。交，接觸。和，和門；即軍門。兩軍軍門相交，即兩軍對峙。舍，駐紮。

③莫難於軍爭：於，比。軍爭，兩軍爭奪取勝的有利條件。

④以迂為直，以患為利：迂，曲折、迂迴。直，近便的直路。意為將迂迴的道路變成直達的道路，化不利（害處）為有利。

⑤故迂其途，而誘之以利：「其」、「之」均指敵人。迂，此處作使動詞用。前句就我軍而言，此句就敵人而言。軍爭時，既要使自己「以迂為直，以患為利」，也要善於使敵以直為迂，以利為患。所以，為達到這一目的，可以利引誘敵人，使其行迂趨患，陷入困境。

⑥後人發，先人至：比敵人後出動，卻先抵達意欲爭奪的要地。

⑦此知迂直之計者也：知，這裡是掌握的意思。計，即方法、手段。

⑧軍爭為利，軍爭為危：為，這裡作「是」、「有」解。此句意為：軍爭既有有利的一面，也有不利的一面。

⑨舉軍而爭利，則不及：舉，全、皆。率領全部攜帶裝備、朝重的軍隊前去爭取先機之利，則不能按時到達。不及，不能按時到達預定地。

⑩委軍而爭利，則輜重捐：委，丟棄、捨棄。輜重，包括軍用器械、營具、糧秣、服裝等。捐，棄、損失。意為扔下一部分軍隊去爭利，則裝備、輜重將會受到損失。

⑪卷甲而起：卷，收、藏之意。甲，鎧甲。趨，快速前進。意為捲甲束杖，急速進軍。

⑫日夜不處：處，猶言止、息。日夜不處，夜以繼日，不得休息。

⑬倍道兼行：倍道，行程加倍。兼行，日夜不停。

⑭擒三將軍：擒，俘虜、擒獲。三將軍，三軍的將帥。此句意為：若奔赴百里，一意爭利，則三軍的將領會成為敵之俘虜。

⑮勁者先，疲者後，其法十一而至：意即士卒身強力壯者先到，疲弱者滯後掉隊，這種做法只有十分之一的兵力能夠到位。

⑯五十里而爭利，則蹶上將軍：奔赴五十里而爭利，則前軍將領會受挫折。蹶，失敗、損折。上將軍，指前軍、先頭部隊的將

帥。

⑰其法半至：通常的結果是，部隊只能有半數到位。

⑱三十里而爭利，則三分之二至：奔赴三十里以爭利，則士卒僅能有三分之二到位。

⑲軍無輜重則亡：軍隊沒有隨行的兵器、械具，則不能生存。

⑳無委積則亡：委積，指物資儲備。軍隊沒有物資儲備做補充，亦不能生存。

㉑不知諸侯之謀者，不能豫交：謀，圖謀、謀劃。豫，通「與」，參與。句意為：不知諸侯列國的謀劃、意圖，則不宜與其結交。

㉒沮澤：水草叢生之沼澤地帶。

㉓鄉導：即嚮導。熟悉本地情況之帶路人。

㉔兵以詐立：立，成立。此處指成功、取勝。此言用兵打仗，當以詭詐多變取勝。

㉕以利動：言用兵打仗，以利益之大小為行動的準則。

㉖以分合為變：分，分散兵力。合，集中兵力。此句言：用兵打仗，當靈活地使兵力分散或集中。

㉗其疾如風：行動迅速，如狂風之疾。

㉘其徐如林：言軍隊行列整肅，舒緩如林木之森然。徐，舒緩。

㉙侵掠如火：攻擊敵軍，恰似烈火之燎原，不可抵禦。侵，越境進犯。掠，掠奪物資。侵掠，意為攻擊。

㉚不動如山：言防守似山岳之固，不可撼動。

㉛難知如陰：隱蔽真形，使敵莫測，有如陰雲蔽日，不辨辰象。

㉜動如雷霆：行動猶如迅雷。

㉝掠鄉分眾：鄉，地方行政組織。此句說：掠取敵鄉糧食、資財，要兵分數路。

㉞廓地分利：應當開土拓境，擴大戰地，分兵佔領有利的地形。廓，同「擴」，開拓、拓展之意。

㉟懸權而動：權，秤錘，用以稱物之輕重。這裡借作衡量、權衡利害、虛實之意。此言權衡利弊得失，而後採取行動。

㊱先知迂直之計者勝：意為率先掌握「迂直之計」的，能取得勝利。

㊲《軍政》：古兵書，已失傳。

㊳言不相聞，故為金鼓：為，設、置。金鼓，古代用來指揮軍隊進退號令的設施。擂鼓進兵，鳴金收兵。

㊴視不相見，故為旌旗：旌旗，泛指旗幟。

㊵所以，人之耳目也：意謂金鼓、旌旗之類，是用來統一部卒視聽、軍隊的行動。人，指士卒、軍隊。一，統一。

㊶人既專一：專一，同一、一致。謂士卒一致聽從指揮。

㊷此用眾之法也：用眾，動用、驅使眾人；即指揮人數眾多的軍隊。法，法則、方法。

㊸夜戰多火鼓，晝戰多旌旗，所以變人之耳目也：變，適應。此

句意為：根據白天和黑夜情況的不同，變換指揮信號，以適應士卒的視聽需要。

㊹故三軍可奪氣：奪，此處作「失」解。氣，指旺盛勇銳之士氣。意謂：三軍旺盛勇銳之氣，可以挫傷，使之衰竭。

㊺將軍可奪心：奪，這裡是動搖之意。指將帥的意志和決心，可以設法使之動搖。

㊻朝氣銳，晝氣惰，暮氣歸：朝，早晨。銳，鋒銳。晝，白天。惰，懈怠。暮，傍晚。歸，止息、衰竭。此句言士氣變化之一般規律：開始作戰時，士氣旺盛，銳不可擋；經過一段時間，士氣逐漸懈怠；到了後期，士氣就衰竭了。

㊼避其銳氣，擊其惰歸：避開士氣旺盛之敵，打擊疲勞沮喪、士氣衰竭之敵。

㊽此治氣者也：治，此處作掌握解。意謂：這是掌握、運用士氣變化的通常規律。

㊾以治待亂：以嚴整有序之己對付混亂不整之敵。治，整治。待，對待。

㊿以靜待嘩：以己方的沉著冷靜對付敵人的輕躁喧動。嘩，鼓噪喧嘩，騷動不安。

51此治心者也：此乃掌握將帥心理的通常法則。

52此治力者也：此乃掌握軍隊戰鬥力的基本方法。

53無邀正正之旗：邀，迎擊、截擊。正正，嚴整的樣子。意為：

勿迎擊旗幟整齊、部署周密的敵人。

㊹勿擊堂堂之陳：陳，同「陣」。堂堂，壯大。意即：不要去攻擊陣容強大、實力雄厚的敵人。

㊺此治變者也：言此乃掌握機動應變的一般方法。

㊻高陵勿向：高陵，高山地帶。向，仰攻。即對已經佔領高地的敵人，不要去進攻。

㊼背丘勿逆：背，倚托之意。逆，迎擊。言敵人若背倚丘陵，不要去正面進攻。

㊽佯北勿從：佯，假裝。北，敗北、敗逃。從，跟隨。言敵人如果偽裝敗退，不要去追擊。

㊾銳卒勿攻：銳卒，士氣旺盛的敵軍。意為不要去攻擊敵人的精銳部隊。

60餌兵勿食：此謂敵人若以小利作解，引誘我軍，不要去攻。

61歸師勿遏：遏，阻擊。對於正向本國退卻的敵軍，不要去正面阻擊。

62圍師必闕：闕，同「缺」。包圍敵軍時，當留下缺口，避免使敵作困獸之鬥。

63窮寇勿迫：指對陷入絕境之敵，不要加以逼迫，以免其拼死掙扎。

譯文

孫子說：大凡用兵的法則，將帥接受國君的命令，從徵集民眾，組織軍隊，直到同敵人對陣，這中間沒有比爭奪制勝之條件更為困難的了。而爭奪制勝之條件，最困難的地方在於把迂迴的彎路變為直路，把不利轉化為有利。同時，要使敵人的近直之利變為迂遠之患，並用小利引誘敵人。這樣就能比敵人後出動而先抵達必爭的戰略要地。這就是掌握了以迂為直的方法。

軍爭既有順利的一面，也有危險的一面。如果全軍攜帶所有的輜重去爭利，就無法按時抵達預定地域；丟下部分軍隊去爭利，輜重裝備就會損失。因此，捲甲疾進，日夜兼程，走上百里路去爭利，三軍的將領就可能被敵所俘，健壯的士卒先到，疲弱的士卒掉隊，其結果只會有十分之一的兵力到位。走五十里去爭利，就會損折前軍的主將，只有一半兵力能到位。走上三十里路去爭利，只有三分之二的兵力能趕到。須知，軍隊沒有輜重，就會失敗，沒有糧食，就不能生存，沒有物資儲備，就難以為繼。

所以，不了解諸侯列國的戰略意圖，不能與其結交；不熟悉山林、險阻、沼澤的地形，不能行軍；不利用嚮導，便不能得到地利。所以，用兵打仗，必須依靠詭詐多變，以爭取成功，依據是否有利，決定自己的行動，按照分散或集中兵力的方式變換戰術。所以，軍隊行動迅速時就像疾風驟起，行動舒緩時就像林木森然不亂，攻擊敵人時像烈火，實施防禦時像山岳，隱蔽時如同濃雲遮蔽日月，衝鋒時如迅雷不及掩耳。分遣兵眾，擄掠敵方的鄉邑，分兵扼守要地，擴展自己的領土，權衡利害關係，然後見機行動。懂得以迂為直之方的將帥就能取得勝利。這是爭奪制勝條件的原則。

《軍政》裡說：「語言指揮不能聽到，所以設置金鼓；動作指揮不能看見，所以設置旌旗。」金鼓、旌旗是用來統一軍隊上下的視聽。全軍上下能一致，勇敢的士兵就不能單獨冒進，怯懦的士兵也不敢單獨後退了。這就是指揮大部隊作戰的方法。所以，夜間作戰多用火光、鑼鼓，白晝作戰多用旌旗，這都是出於適應士卒耳目視聽的需要。

對於敵人的軍隊，要設法使其士氣低落；對於敵軍的將帥，要設法使其決心動搖。軍隊剛投入戰鬥時士氣飽滿；過了一段時間，士氣逐漸懈怠；到了最後，士氣就完全衰竭了。所以，善於用兵的人，總是先避開敵人初來時的銳氣，等到敵人士氣懈怠衰竭時再去打擊他。這是掌握、運用軍隊士氣的方法。用自己的嚴整對付敵人的混亂，用自己的鎮靜對付敵人的輕躁，這是掌握將帥心理的手段。在接近自己部隊的戰場對付遠道而來的敵人，用自己部隊的安逸休整對付疲於奔命的敵人，用自己部隊的糧餉充足對付飢餓不堪的敵人，這是把握軍隊戰鬥力的祕訣。不要去攔擊旗幟整齊的敵人，不要去進攻陣容雄壯的敵人，這是掌握靈活機變的原則。

用兵的法則是：敵人佔領山地，不要去仰攻；敵人背靠高地，不要正面迎擊；敵人假裝敗退，不要跟蹤，追擊；敵人的精銳，不要去攻擊；敵人的誘兵，不要企圖消滅；對退回其本國途中的敵軍，不要與之正面遭遇；包圍敵人時，要留下缺口；對陷入絕境的敵人，不要過分逼迫。

講解

軍爭，是指武裝鬥爭，即敵我雙方在戰場上對抗的作戰行動。本篇是從實踐的角度討論戰爭問題。

開篇，孫子提出了軍爭並不是輕而易舉的事，最難者就在於「以迂為直，以患為利」。究其根本目的，就是為了化不利為有利。交戰雙方都在掩蓋自己的真正意圖，破壞敵方的計畫。為此，雙方都企圖使對方的思維折射，而不是直來直去，以此達到最佳效果。「以迂為直」是兵法中很高的境界。正如英國軍事理論家利德爾・哈特所說：「最漫長的戰略鬥道通常是達到目的的最短途徑。」

本篇重點在於孫子的又一重要論斷：「故兵以詐立，以利動。」這也是軍爭的總體原則。孫子在第一篇「計篇」中提到：「兵者，詭道也。」戰爭中，欺騙與威力是兩大美德，所謂「兵不厭詐也」。只有掩蓋真相，使敵人上當，才能為自己保存力量，創造條件。

緊接著，孫子又提出軍隊的作戰模式：「疾如風，徐如林，侵掠如火，不動如山，難知如陰，動如雷霆。」這是《孫子兵法》中最著名的一段比喻，它要求以千變萬化的機動戰勝敵人。

孫子認為，善戰之人善於把握己方與敵方士兵的心態，了解士兵的體力、心理與情緒，運用四治（治氣、治心、治力、治變）獲取戰爭的勝利。「避其銳氣，擊其惰歸」就是「治氣」的方法。日常聽說的「攻心奪氣」也出自此處。

篇末，孫子又對用兵作戰的具體問題提出了「八戒」之說，即高陵勿向、背兵勿逆、佯北勿從、銳卒勿攻、餌兵勿食、歸師勿遏、圍師必闕、窮寇勿追。這屬於戰術中的問題，在日常人際交往之中也隨處可見。

以迂為直，以退為進

原文

軍爭之難者，以迂為直，以患為利。

點評

迂，是曲折、繞彎之意，與「直」意相對。「迂」與「直」、「患」與「利」、「退」與「進」之間呈現辯證關係，可以互相轉化。

在兩軍相爭的戰場上，迂——繞遠，意味著花費的時間多；直——近，意味著花費的時間少。但是，軍事對抗的雙方都在絞盡腦汁，破壞敵方計畫的實現，如果一味地求「直」圖「快」，反而會適得其反。所以，在某種情況下，表面上看來，走的是迂迴曲折的道路，實際上卻為更直接、更有效、更迅速地獲取成功創造了條件。

典故名篇

❖虛為退避，實為揮進

春秋時期，晉國公子重耳亡命楚國時，楚王設宴款待。酒過三巡，楚王乘著酒興，對重耳說：「有朝一日，公子返回晉國，將如何報答我？」

四年後，重耳返回晉國，當了國君，史稱晉文公。晉文公勵精圖治，選賢任能，幾年後就使晉國強大起來。接著他建立三軍，命先軫、狐毛、狐偃等人分任三軍元帥，準備征戰，以稱霸中原。

晉國日益強大，南方的楚國也日益強盛。公元前六三三年，楚國聯合陳、蔡等四個小國向宋國發起攻擊。宋國向晉求助，晉文公親率三軍往援。

楚軍統帥成得臣是個驕傲狂暴的人。晉文公深知成得臣的脾氣，決心先激怒他，然後消滅他。成得臣急於尋找戰機，文公就暫不與他交鋒。當初與楚王宴飲，文公曾許諾，如與楚軍交戰，一定退避三舍。這一次，他信守諾言，連退三舍（90里），一直退到城濮這個地方才停下來。

其實，文公的後撤是早已計劃好的。此略可一舉三得：一是爭取道義上的支持；二是避開強敵的鋒芒，激怒成得臣；三是利用城濮的有利地形。

楚將鬥勃勸阻成得臣：「晉文公以一國之君的身分避開我軍，給了我軍很大的面子，不如藉此回師，也可以向楚王交代。不然，戰鬥還未開始，我們已經輸了一場。」

成得臣說：「氣可鼓而不可洩。晉軍撤退，銳氣已失，正可乘勝追擊！」於是，揮師直追90里。

晉、楚雙方在城濮擺下戰場。晉國兵力遠不如楚國，因此，晉文公也有些擔心。狐偃道：「今日之戰，勢在必勝，勝則可以稱霸諸侯；不勝，退回國內，有黃河天險阻擋，楚國也奈何不了我們！」文公因此堅定了決戰和取勝的信心。

戰鬥開始，晉軍下令佯退。楚軍右軍揮師追趕。一陣吶喊聲中，胥臣率領戰車衝出。胥臣所率戰車，駕車的馬背上都披著虎皮，楚軍見了，驚惶得亂跑亂叫。胥臣乘機掩殺，楚右軍一敗塗地。

先軫見胥臣獲勝，一面命人騎馬拉著樹枝向北奔跑，一面派人扮成楚軍士兵，向成得臣報告：右軍已獲勝。成得臣遠望晉軍向北奔跑，又見煙塵滾滾，信以為真。

楚左軍統帥鬥宜申指揮楚軍衝入晉軍狐偃陣中。狐偃且戰且退，把鬥宜申引入埋伏圈，將楚軍全殲。先軫故伎重演，又派人向成得臣報告：左軍大勝，晉軍敗逃。

成得臣見左、右二軍獲勝、親率中軍殺入晉軍中軍之中。這時、先軫與胥臣、狐偃率晉軍上軍、下軍前來助戰、成得臣方知自己的左軍、右軍已經大敗。成得臣拼命突圍，被晉將擋住去路。幸得文公及時發出命令，饒成得臣一死，以報當年楚王厚待之恩，成得臣才得以逃回本國。

城濮一戰，晉軍聲威大振，晉文公一躍成為春秋「五霸」之一。

❖ 讓顧客認同的推銷術

約瑟夫・S・韋普是美國菲德爾費電氣公司一位出色的推銷員。

一天，韋普到賓夕法尼亞州的一家農莊推銷用電。他走到一家整潔而富有的農戶門前，有禮貌地敲了好久的門，門才打開一道小縫。

「您找誰？」說話的是一個老太大：「有什麼事？」

韋普剛說了一句：「我是菲德爾費電氣公司的……」門就「砰」的一聲關上了。

韋普悻悻地直起腰，四周看了看。

「噢！這家主人是養雞的，而且養得不錯。」他頓時有了主意，再一次敲門。

好半天，門才打開，還是只露出一條小縫。

「見鬼！我最討厭電氣公司！」老太太嘟噥著說，又要把門關上。但韋普的話使她把手停下了。

「很對不起，打擾您了！不過，我不是為電氣公司而來，只是想向您買點雞蛋。」

老太太把門開大了一點。

「多漂亮的多明尼克雞啊！我家也養了幾隻。」韋普繼續說：「可就是不如您養得好哪！」

老太太狐疑地問道：「您家養了雞，為何還來找我買雞蛋？」

「只會生白蛋啊！」韋普懊喪地說：「老太太，您知道，做蛋糕時，用黃褐色的蛋比白色的好。我太太今天要做蛋糕，所以……」

老太太高興了，立刻把門打開，把韋普請入房中。韋普一眼瞥見房中有一套奶酪設備，於是推測出老太太的丈夫是養乳牛的。

「老太太，我敢打賭，您養雞一定比您先生養乳牛賺的錢多！」

一句話說到老太太的心坎上——這是老太太最引以為自豪的事。房中的氣氛熱烈起來，老太太視韋普為知己，無所不談，甚至主動向韋普請教用電的知識。

兩周之後，老太太向韋普的菲德爾費電氣公司提出了用電申請。此後，老太太所在的那個村莊都開始使用菲德爾費電氣公司所提供的電了。

❖ 逆向操作進攻法

日本橫濱市有一位不動產推銷員，在推銷市南區一塊四千平方米的土地時，費了九牛二虎之力，卻屢「推」屢敗。最後，這位推銷員也灰心喪氣了。

其實，這塊土地的地理位置及其它條件都很不錯。惟一的缺點是噪音大。這推銷員每次都是向客戶大談這塊土地的好處，盡力掩蓋它的不足。惜乎客戶們一旦實地考察，立刻就發現它的噪音問題。這就是這位推銷員受挫的原因。一個朋友向他建議：「為什麼不反過來試一試？」

不久，又一位客戶來了。推銷員知道這位客戶是川崎市人，住在工廠廠區附近，整天生活於噪音的紛擾之下。於是，在介紹這塊土地的優越之處後，他格外強調了一下這塊土地的不足之處：「只是，這塊土地距附近的工廠不很遠，噪音大了些。這是這塊土地比較便宜的原因。如果您不介意，買下它來，還是很合算的。」

他把客戶帶到那塊土地上。

客戶詳細察看了四周的建築狀況，拍著他的肩頭說：「您很誠實。原先我還以為噪音有多大呢！比起我所住的川崎——10噸卡車的發動機不停地轟鳴——好多了！而且，一到下午5點，這裡的噪音就停止了，不像我在川崎的家，整夜轟鳴不止。這塊地，我買下了！」

❖ 膽略過人的「原價銷售法」

被譽為「日本繩索大王」的島村寧次，他的成功有賴於「原價銷售法」。

起初，島村以五角錢的價格大量買進麻繩，然後以原價賣給東京一帶的紙袋工廠。這是一樁賠本生意。島村心甘情願地賠本幹了一年，贏得了「島村的繩索真便宜」的好名聲。於是，訂貨單源源不斷飛來。

這時候，他拿著購物收據，對訂戶說：「這是我一年來購買繩索的收據。這一年，我一分錢也沒賺你們的。長此下去，我只好破產了。」訂戶為他的誠實所感動，情願每根繩索增加5分錢。

他又拿著賣物收據，找到供貨商：「一年來，我一分錢也沒賺到，只是為你做了義務推銷員。再幹下去，我受不了了！」

供貨商翻閱著一張又一張原價賣出的發票，感動不已，於是每根繩索降低5分錢供貨。

就這樣，島村每賣一根繩索，就能賺1角錢，在當時其利潤已相當可觀。

沒過幾年，他就成為一個腰纏萬貫的富翁了。

島村寧次深有感觸地說：「『原價銷售法』剛開始吃虧，爾後便佔大便宜。實際上，這是一種極為高明的經營訣竅，只有那些膽識過人的企業家才敢於為之。」

兵不厭詐，因敵制勝

原文

故兵以詐立，以利動，以分合為變者也。

點評

「兵不厭詐」是歷代兵家所慣用的一種用兵謀略。《孫子兵法》第一篇「計篇」中就明確提出了「兵者，詭道也」的論點。孫子不但不排斥它，反而一口氣介紹了十二種運用詭道的戰法。

「詭道十二法」的前四法是：能打，裝作不能打（「能而示之不能」）；用兵，裝作不用兵（「用而示之不用」）；進攻近處，裝作要攻遠處（「近而示之遠」）；向遠處用兵，故意裝作要向近處用兵（「遠而示之近」）。這是公開採用欺騙和偽裝的手法，造成一種假象，以麻痺敵人，達到戰勝敵人的目的。

「詭道十二法」的後八法是針對八種不同的敵情所採取的迎敵之

法，即：引誘貪利的敵人；攻擊混亂的敵人；防備力量充實的敵人；避開強大的敵人；激怒易怒的敵人；逗引驕傲的敵人；疲困休整好的敵人；離間內部團結的敵人——歸根結柢，運使的還是一個「詐」字！

詐——欺騙，只是一種手段。欺騙敵人，給敵人造出一種假象，是為了掩蓋自己的真實意圖，使自己能從容地「攻其不備」，「出奇制勝」。

戰爭有正義和非正義之分，它不以人的意志為轉移。

春秋時代，宋襄公「蠢豬」般的「仁義」之師被楚軍大敗，襄公腿負重傷。此時，他還在夸夸其談：「我是最講仁義的君主，對待沒有擺好陣勢的敵軍，是不能向他們擊鼓進軍的啊！」宋將子魚氣憤地說：「楚國來攻打我們，他們就是敵人。一味地愛惜敵人，講究仁慈，那最好是向他們投降，何必打仗呢？」

宋襄公羞憤難當，加上傷勢嚴重，不久就病死了。

典故名篇

❖ 施計詐降，誘敵深入

陳友諒佔據江州之後，因一直把朱元璋視為心腹之患，遂率所有兵力順流而下，攻打朱元璋。元順帝至正二十年，他攻佔采石（今安徽省馬鞍山市長江東岸）和太平（今安徽當塗），自立為帝，國號漢。緊接著，他又率領「江海鰲」、「混江龍」、「塞斷江」、「撞倒山」等巨艦，進逼應天（今江蘇南京）。

大軍壓境，朱部將士都有些緊張。因為陳友諒的水軍是朱軍的十倍，又善於水上作戰。有些人竟主張撤退或投降。朱元璋聽取了劉基的建議，決定誘敵深入，打伏擊戰。

朱元璋召來康茂才，讓他寫一封詐降的信給陳友諒。原來，這康茂才是元朝降將，本是陳友諒的老友，朱元璋認為他是行使詐降計的合適人選。

康茂才欣然答應：「陳友諒不講信義，殺了我的同鄉好友徐壽輝，我正要報此大仇……」於是他修書一封，信上說：「建議兵分三路，進攻應天。茂才所部把守應天城外江東橋，願為內應，打開城門，直搗帥府，活捉朱元璋……」然後派一名陳友諒熟識的老僕前去送信。臨行之際，他再三叮囑，以防露出破綻。

陳友諒讀了康茂才的信，大為高興，心想：我大軍一路勢如破竹，諒康茂才也不敢詐降。但他還是反覆盤問送信的老僕人。

這老僕應對如流，言辭懇切，竟使陳友諒深信不疑。他當即對老僕人說：「我馬上分兵三路取應天，到時以『老康』為號。但不知茂才所守之橋是木橋、還是石橋。」

「是木橋。」老僕答道。

第二天，陳友諒水陸並進。他親率數百艘戰船順江而下。陳軍前哨到達大勝港時，遭朱軍將領阻擊，無法登岸。甚且，陳友諒又見新河航道狹窄，於是下令直奔江東橋，以便和康茂才裡應外合。

船到江東橋，陳友諒見是一座石橋，心中起疑。原來，朱元璋為了防備康茂才的假投降變成真投降，已於當天夜裡把木橋改造成石橋。陳友諒急命部下高喊「老康」。喊了多時，竟無人答應，方知中計，急令陳友仁率水軍衝向龍灣。幾百艘戰船聚集於龍灣水面，陳友諒下令一萬精兵登陸修築工事，企圖水陸並進，強攻應天城。

此時，只見盧龍山頂黃旗揮動，戰鼓齊鳴，朱軍大將徐達、常遇春率軍分從左右殺來，修築工事的一萬精兵頓時被衝得大亂。儘管陳友諒大聲呼喝，仍然制止不住。敗軍逃到江邊，蜂擁登船。陳友諒急令開船。哪料正當退潮之際，近百條戰船全部擱淺。徐達與常遇春乘勢上船追殺。陳友諒潰不成軍，只好跳進小船逃跑。

朱元璋巧施詐降之計，誘敵深入，打敗了十倍於己的敵人，從此改變了敵我力量的對比，奪得了戰爭的主動權。

❖ 故作迷惘的日本B公司

美國S公司與日本B公司進行過一場許可證貿易談判。

談判開始，美方代表當先發言，詳詳細細說明了己方的立場、態度和具體措施。日方代表只是埋頭記錄。美方代表發言結束，向日方代表徵求意見。但所有日方代表都你望我、我望你，目中一片迷惘。美方代表不知出了什麼事，大感奇怪。日方代表只是說：「我們不明白。」美方代表問哪些地方不明白。日方代表回答：「全不明白。」然後，補充了一句：「請允許我們回去研究一下。」第一輪談判就這樣結束了。

數星期後，美、日進行第二輪談判。令美方代表驚異的是：日方代表全是新人。於是，美方代表只好從頭開始，將美方的立場、態度、具體措施逐一做了詳細的說明。日方代表認真地做著記錄，沒有一個人打岔。美方代表陳述完畢，向日方代表徵詢意見。日方代表又是你望我、我望你，誰也不開口說話。美方代表再次徵詢。日方代表說話了：「我們不明白。」

「什麼地方不明白？」

「全不明白。」日方代表提出休會，他們要回去研究。美方代表只好同意。

馬拉松式的談判持續了半年多，被激怒的美國人大罵日方毫無誠意。就在這時，日本B公司的代表團突然飛至美國。這一回，不待美國人開口，他們就拿出精心準備好的方案，以無可挑剔的言詞，與美國人討論所有細節。美國S公司的代表毫無準備，只好與日本B公司簽訂了一紙對日方明顯有利的協議。

❖ 漂亮的銷售術

日本三洋公司研製出一種新產品，零售店因不了解它的性能，不願代銷。那，怎麼辦？

有一天，一個陌生的顧客走進一家零售店，問道：「請問你們有沒有三洋的××產品嗎？」

「對不起！我們沒進貨。」

「那麼，我先付一筆定金，請你在三天後供貨，可以嗎？」

第二天，另一個人又來到這家零售店，同樣也買這種產品，並提出了同樣的要求。

不久，又來了一個人……

店主看到顧客對三洋產品如此喜愛，馬上決定進三洋的貨。其實，這是三洋公司總經理井植薰想出的妙計：讓手下職員扮成顧客，去零售店「推銷」自己的產品。

華僑陳嘉庚是30年代著名的膠鞋大王，他生產的膠鞋剛問世的頭幾年，以低於成本的銷售價，向市場全面滲透，贏得了大量的消費者，迅速打開了銷路。等到他的膠鞋成為名牌產品之後，他才逐步提高售價，收回成本，賺了大錢。

有些賓館原本常有空房，茶室座位和酒吧間亦綽綽有餘，卻張貼廣告與顧客須知，聲稱：凡欲住宿、到茶室品茶、到酒吧間娛樂者，必須事先登記和排隊，候通知而行。

可口可樂創業歷史早，實力雄厚。百事可樂起初無法與之抗衡，打了幾十年廣告戰，仍在銷售量上瞠乎其後。實際上，百事可樂的口感和內在質量，在某些方面已超過可口可樂。通過調查，他們認識到，主要癥結在於消費習慣——人們飲用百事可樂還未形成習慣。

可是，要怎樣才能樹立起百事可樂的信譽？自吹自擂的直接打法肯定不行。於是，他們在全國50萬個銷售點分別擺上百事可樂和可口可樂，讓顧客蒙上眼睛，進行品嘗。結果有70%以上的人將百事可樂判定為更好的飲料。接著，他們通過大眾媒體，向大眾忠告：不能迷信老牌產品和習慣，應該選擇質量更好、價格更公道的新一代產品。這時的宣告當然十分有分量了，從而把百事可樂的銷路打開，成為與可口可樂並駕齊驅的世界第二大飲料。

縱橫捭闔，攻心為上

原文

故三軍可奪氣，將軍可奪心。

點評

古人所說的「心」，泛指人的思想、意志、品德、情感、決心等等。戰爭的指揮者是「將」，動搖了「將」的決心，使其做出錯誤的決定，戰爭的勝負就可想而知了。

如何才能動搖「將」的決心呢？

張預在為《十一家注孫子》中作注道：「心者，將之所立也。夫治亂勇怯，皆主於心。故善制敵者，撓之而使亂，激之而使惑，迫之而使懼，故彼之心謀可以奪也。」用現代話說就是：決心，是為將者所賴以指揮戰爭的支柱。軍隊的整治、混亂，威勇、怯弱，都取決於為將者的決心。善於降服敵人的軍隊統帥會運用計謀，阻撓敵人計畫的實施，使敵軍混亂；激怒敵人，使敵人喪失理智；脅迫敵人，使敵人畏懼。所以，敵軍將領的決心是可以動搖的。

動搖敵將的決心，是為了徹底消滅或征服敵軍。

諸葛亮輔佐劉備，建立了西蜀大業，他用兵如神，堪稱「奪心」的典範。以「七擒七縱孟獲」為例，正是因為他徹底征服了孟獲之心，令孟獲佩服得五體投地，才使孟獲歸降後，再無反叛之心，他也因此有了一個穩定的大後方，可以放心大膽地北伐曹魏。諸葛亮的格言是：「用兵之道，攻心為上，攻城為下；心戰為上，兵戰為下。」

典故名篇

❖四面楚歌，瓦解軍心

公元前二〇三年8月，楚漢議和，劃鴻溝為界，「中分天下」。

一個月後，項羽領軍東歸。

劉邦也想回西部去。謀臣張良、陳平勸阻道：「天下三分之二已歸我們所有，且目前楚軍糧草不足，士兵疲乏，正是除滅項羽的大好時機，豈可養虎遺患。」劉邦突然醒悟：剛訂和約，項羽引兵東撤，一定疏忽麻痺，確實是天賜良機。他火速派人傳令韓信、彭越同時出兵，自己親率大軍追擊楚軍，合力滅楚。

但韓信、彭越均未發兵。劉邦孤掌難鳴，於固陵追上項羽，被項羽打得大敗。

劉邦無奈，只得採用張良的計策：割地分封。封韓信為齊王，彭越為梁王。封敕使者一到，韓、彭二人果然領兵前來會師。

公元前二〇二年11月，漢大將劉賈渡過淮河，入楚地，誘降九江守將，兵圍壽春。韓信西進，佔彭城。項羽四面受敵，輾轉南撤，退至垓下（今安徽靈璧南）。漢軍緊緊跟來，四面圍上。

劉邦將會合後的30萬大軍統統交給韓信指揮。韓信布下十面埋伏，將項羽重重包圍在垓下。但項羽此時尚有十萬兵馬，他堅守大營不出，韓信一時也無法取勝。

楚軍被困日久，糧食漸漸吃光。隆冬之際，寒風凜冽，兵士衣服單薄，飢寒交迫，軍心漸漸不穩。

一天晚上，夜深人靜，突然從漢營飄來一片楚歌，伴著蕭聲，甚是淒涼哀怨：「九月深秋兮，四野飛霜。天高水涸兮，寒雁悲愴。最苦戍邊兮，日夜彷惶……」

項羽猛一聽，大吃一驚，心想：「漢軍難道已經完全佔領了楚地？他們怎會有那麼多楚人？」

楚歌仍不斷傳來，聽得清清楚楚：「雖有腴田兮，孰與之守？鄰家酒熟兮，孰與之嘗？白髮倚門兮，望穿秋水。稚子憶念兮，淚斷肝腸……」

楚軍將士個個不禁潸然淚下。這悲涼淒苦的歌聲令他們想起了家園，想起了自己的父母與妻兒……

歌聲徹底動搖了項羽所部的軍心，三三兩兩的楚軍士兵開始逃離楚營，到後來竟整批整批地逃跑。大將季布、鍾離昧等也相繼溜走，連項羽的叔父項伯也去投奔張良。眼見敗局已定，誰也不願再在這裡等死了。一夜之間，數萬大軍逃得只剩一千多人。

項羽無計可施，借酒澆愁，唱起悲歌：「力拔山兮氣蓋世，時不利兮騅不逝；騅不逝兮可奈何，虞兮虞兮奈若何？」

虞姬夫人十分悲痛，持劍起舞作歌，歌畢自刎。其兄大將虞子期也引劍自刎，死在妹妹身旁。項羽率八百餘騎突出重圍，於烏江邊被漢軍追上，終於自刎而死。

其實，項羽不知，那晚在漢營中唱楚歌的不全是楚地人，乃是張良布下的「攻心奪氣」之計。張良把駐於楚地的英布九江士卒分散到各營，讓他們教所有的漢軍將士唱楚歌，目的就是瓦解項羽部眾所凝聚的軍心。

❖ 擦鞋童每分鐘收入1美元

20世紀70年代，聖路易機場有一位舉世聞名的擦鞋童，名叫強尼，其平均收入為每分鐘1美元。

這一天，有一位衣冠楚楚的推銷員走到這擦鞋童面前，在座椅上坐下。

「普通的！」他說。

擦鞋童身邊有一塊標著價碼的標牌，上面寫著：「普通，75美分；上油1美元；雪亮，2美元。」

「普通？」

「是啊，普通。」

「這是義大利皮鞋吧？」擦鞋童邊擦鞋，邊問道：「這種皮鞋好像很貴……」

「當然囉！我是花××美元買的。」推銷員不無自豪地說。

擦鞋童繼續擦鞋。擦著、擦著，他突然指著推銷員的褲腿說：「嘿！這是我所看過的最不尋常的料子！」

他又說對了，推銷員的這條褲子確實是一流產品。

他抬起頭來，目光停留在推銷員的西裝上，稱讚道：「多好的西裝！很貴吧？」

「當然！」推銷員不屑地把目光移向遠處。

擦鞋童用力地擦了幾下，又猛地停下，故作嘆息道：「真難為情！一個人會花××美元做一套西裝，卻不肯花1美元擦亮皮鞋。」

推銷員的臉紅了。「你說得太對了！將它們擦得雪亮吧！」他對擦鞋童說。

擦鞋童以嫻熟的技巧，把皮鞋擦得雪亮，亮得可以映出人像來！

推銷員給了擦鞋童2美元的費用，還加了1美元小費，然後，趾高氣揚地走了。

❖「迷人」的大面額過期支票

美國某地有一家糕點廠，所產糕點質量上乘，價格也合理，產品遠銷它州，很受歡迎。諷刺的是：糕點廠附近有一家大旅店，生意興旺，就是不進這糕點廠的貨。

原來，旅店經理對這家糕點廠有些成見，而糕點廠的推銷員去找他推銷糕點時又欠禮貌，令他大為不悅。數次接觸後，他乾脆給糕點廠的推銷員吃了「閉門羹」。其後，整整過了十年，糕點廠的糕點仍然沒能夠打入這家大旅店的「市場」。

一天，糕點廠老闆招募了一位年輕的推銷員。這年輕的推銷員得知糕點廠與大旅店之間的齟齬之後，決心打破這種「僵」局，把本廠的糕點打入大旅店的市場。他很會動腦筋，深知這件事成敗的關鍵取決於那位旅店經理。

沒過多久，他就打聽到旅店經理有個怪癖——經理有一張大面額的過期支票，引之為榮，視之為寶，經常向人炫耀。推銷員找到旅店經理身邊的人，向他們吹風：「聽說經理有一張舉世無雙的大面額支票，不勝仰慕，真想一睹為快！不知經理能否開恩接見我？」

旅店經理身邊的人把推銷員的話轉告。經理一聽，十分高興，立即指示手下：「把他帶來！」

推銷員被引入，雙方分賓主落座。旅店經理詳細地向推銷員介紹了與大面額支票有關的情況，推盤員對此表達了十二分的敬意。正如他所期里的，他剛回到工廠，那旅店經理就打電話過來：「請你把你們廠的糕點樣品送過來吧！」於是，推銷員喜滋滋地立即把糕點樣品送了過去。

第二天，糕點廠正式接到旅店經理的通知：我們旅店很樂意購買貴廠的糕點食品。

一個十餘年未能解決的大難題，就這樣被這位年輕的推銷員輕鬆地解決了。

❖ 松下公司的精神武器

松下電器產業集團是日本六大企業集團之一，目前日本最大的民用電器公司，世界上發展迅速的典型企業之一，號稱「家電王國」，有所謂「不知蕭條的企業」和「世界健康兒童」的美稱。

松下集團的創始人松下幸之助被譽為「日本電子工業之父」、「經營大王」和「經營之神」。松下公司能從一個微不足道的小作坊發展成規模龐大的跨國公司，原因固然很多，松下幸之助縱橫捭闔的攻心策略卻是關鍵之關鍵。他領會到「企業是由人形成的」，很強調發揮人的作用，注重維繫人心。他採取精神與物質的刺激法，使職工緊密地聚集在公司內，拼命工作，保證了高效率和高額利潤。

松下幸之助很注重營造企業的凝聚力。他將企業的經營意圖、指導思想、觀點、信念灌輸到所屬每個職員以及工人的心中，人稱「愛說教的松下」。

一九三三年，他提出了「松下電器公司應遵循的精神」，即工業報國、光明正大、團結一致、奮鬥向上、禮貌謙讓、適應形勢、感恩報德。這就是所謂「松下七精神」。松下公司職工上班前，下班後，全體肅立，齊唱社歌，齊聲朗誦「七精神」，最後還來個「訓詞」。

除了這套攻心之法，松下幸之助還巧於運用物質手段，實行「高福利」政策，使職工能以公司為家，全力以赴，投入工作。他鼓勵職工向公司投資，建立「儲蓄制度」。

松下公司自一九六五年起，在日本最先實行五日工作制。工作時間雖然減少，職工的積極性卻提高了，對公司更為有利。松下公司還建立了新的「職工擁有住房制度」，同時改善了住宅分管、貸款制度，使職工的生活安定下來；又建立了福利養老金制度，根據職工個人的志願，把退休金改為終身養老金。

從一九六六年起，松下公司建立了工種與工作能力相結合的工資體系，按照實力，提拔員工升級，以充分發揮每個人的才能。此外，公司還在各工廠所在地廣設體育娛樂設施，力圖在職工中造成一種印象——松下公司是「既愉快又賺錢的場所」，藉以拴住人心。松下還向職工灌輸所謂「全員經營」、「群智經營」的思想，即：「松下電器是『用全體職工的精神、肉體和資本集結成一體的綜合力量進行經營』。」宣傳所謂的「職工自家事」，意在使職工覺得「自己是松下電器的主人翁」。

松下幸之助建立了提案獎金制度，公司不惜重金，徵求職工的建設性建議。一九七六年，為此所頒發的獎金超過如萬美元。然而，吸取建設性建議，既可降低成本，改善產品質量，提高工作效率，又可激勵職工的士氣，給人一種工人可以參加管理的印象，協調了勞資關係，增強了公司的內聚力，使公司受益匪淺。

正是在松下幸之助採取的這些措施和策略導引下，松下公司爭取了人心，使職工對公司產生親切感，在職工中造成了一種與公司命運與共的印象，積極投身於公司的生產和經營，使松下公司迅速崛起，並且長盛不衰。

避其銳氣，擊其惰歸

原文

故善用兵者，避其銳氣，擊真惰歸，此治氣者也。

點評

孫子所說的「氣」是指士氣，即士兵的戰鬥意志。

士氣是構成軍隊戰鬥力的精神要素。著名的軍事家拿破崙曾指出：「一支軍隊的戰鬥實力，四分之三由士氣構成。」

拿破崙的話雖然有些誇張，有一點卻不容懷疑：士氣的高低，直接影響到戰爭的勝負。

軍隊初戰，士氣旺盛；中期，士氣下降；後期，士氣衰竭。因此，古今中外的軍事家領軍作戰時，總是設法避開或挫傷敵人的銳氣，待敵人疲憊、鬆懈時再去攻擊它。對於己方，則總是極力營造一種同仇敵愾的氣氛，激勵己方的士氣。

楚漢相爭時期，韓信設十面埋伏之計，在垓下包圍了項羽，又施四面楚歌之計，徹底摧毀了楚軍的鬥志（士氣），連項羽本人也認為自己已到了窮途末路。

晉朝時，大將軍劉琨被胡兵圍困城中，危急萬分。月夜中，他突生一計，命人吹響胡笳。夜色迷茫，曠野寂寥，笳音哀怨，數萬胡兵頓生思鄉之感，竟放棄唾手可得的勝利，解圍而去。

典故名篇

❖ 避銳擊惰，穩操勝券

公元前六八四年春天，齊恒公以鮑叔牙為大將，率大軍攻打魯國，一直打到長勺（今山東萊蕪東北）。儘管魯莊公早已有所準備，操練人馬，趕製武器，但魯是小國，力量有限，齊軍終究攻入國境。莊公深感自己兵力不足，決心動員全國力量，和齊軍決一死戰。

魯國有個平民叫曹劌，聽說齊軍已打了進來，非常焦慮，請求晉見魯莊公，談談自己的看法。通過交談，莊公知道他是個有才識的人，就讓他和自己同坐一輛戰車，進入長勺前線。

曹劌和莊公察看陣地，見魯軍所處的地理形勢十分有利，心裡很高興。恰在此時，齊軍擂起戰鼓，準備進攻。莊公也想擊鼓。曹劌勸阻，建議他下令：「不許吶喊，不許出擊，緊守陣角，違令者斬！」

隨著震天的鼓聲，齊軍喊叫著猛衝過來。可是，魯軍並未出戰，陣地穩固，無隙可乘。齊軍沒碰上對手，只好退了回去。

時隔不久，鮑叔牙再次擊鼓，催促士兵衝鋒。魯軍陣地還是沒有一個人出戰。

齊軍第三次擊響戰鼓，向魯軍陣地衝來。但將士們已體力困乏，信心不足了。

曹劌見齊軍第三次進攻的戰鼓聲威力不足，衝鋒的隊伍也很散亂，這才對莊公說：「主公，可以擊鼓進軍了！」

魯軍將士聽到自己的戰鼓聲，齊聲吶喊，殺向齊軍。齊軍抵擋不住，掉頭逃跑。

魯莊公想下令追擊。曹劌勸阻道：「讓我先下車看一下。」他下車察看齊軍兵車輾過的車輪印跡，又登上車前橫木，眺望齊軍敗退的情況，然後說：「可以追擊了！」

莊公立即下令全軍追擊，一直把齊軍趕出魯國的國境。

戰鬥結束後，莊公向曹劌請教。曹劌答道：「打仗，主要是靠勇氣。第一次擊鼓，將士們的勇氣最盛；第二次擊鼓，將士們的勇氣就衰退了許多；到第三次擊鼓之時，勇氣就差不多喪失光了。齊軍三次擊鼓衝鋒，勇氣已盡，而我們此時才擊鼓進軍，勇氣旺盛，因此能打敗齊軍。不過，當敵軍潰逃時，要防備其佯敗設伏。我看他們旗幟歪倒，車轍很亂，從而知道他們是真敗了。」

❖「精工」大戰「瑞士」

瑞士錶馳名世界。

到了一九六七年，一位叫服部一郎的日本人突然站了出來，向世界鐘錶業的霸主——瑞士錶提出了挑戰。

服部一郎當時是日本第二精工舍的社長。他知道：瑞士鐘錶業的優勢是機械錶，要戰而勝之，就必須開拓不同於機械錶的「新錶」。他把希望寄託在「石英錶」上。

「石英錶」源自「石英鐘」——一九二七年，美國人W・A・馬里遜試製成真空電子管式石英鐘，但它體積大如衣櫃。服部一郎率領精工舍的技術人員，用了整整十年，終於把衣櫃般大的「石英鐘」變成可以戴在手腕上的「石英錶」。它是依靠一個小鈕扣式電池和石英水晶振盪子「走動」和「顯時」的。

精工牌石英錶領先瑞士問世後，服部一郎客觀地分析了自己的技術、人才、資金狀況，覺得自己還不能與瑞士錶抗爭，於是有意識地避開瑞士這個手錶市場，先在本國和瑞士以外的國家推銷，以免「打草驚蛇」。

瑞士對於領先於自己一步的日本精工牌石英錶果然沒有在意。

服部一郎和精工集團一面以迂迴戰術「包圍」瑞士錶，一面集中大量的人力、財力從事石英錶的新技術、新產品的研究與開發。

到了一九九〇年，「精工」的產量已躍居世界第一位，精工集團覺得向瑞士錶發起總攻的時候到了，於是花重金買下日內瓦的「珍妮・拉薩爾」手錶銷售公司，以實用的中、高檔手錶，鑽石、寶石裝飾型超高檔手錶和黃金裝飾的「珍妮・拉薩爾」、「精工・拉薩爾」等新型超級手錶同瑞士錶進行競爭。

瑞士人大為震驚。他們以牙還牙，在全世界範圍內展開轟轟烈烈的宣傳攻勢，極力開拓銷售領域，以期重振瑞士錶的聲威。但他們失敗了——老謀深算的「精工」以其得力的措施，終於贏得了世界鐘錶業的第一把「交椅」。

❖ 蔡萬春小信用社擊敗大銀行

一九五七年，剛剛榮升台北市第十信用合作社董事會主席的蔡萬春面色肅然：在台北的金融業同行中，「十信」太渺小了，小到根本無人去理睬它台北有的是信用良好、資金雄厚的大銀行，稍有點名聲的商家企業都把錢存放到他們那裡去了。

蔡萬春深知自己的實力不可能與資金雄厚的大銀行較量，但他又堅信：大銀行雖然財大氣粗，它不可能沒有「薄弱」或「疏漏」之處，那些「薄弱」或「疏漏」之處就是「十信」的生存之地！

他在街頭巷尾徜徉，與市民交談，跟友人商榷，終於發現了各大銀行不屑一顧的一個潛在大市場——向小型零散客戶發展業務。

蔡萬春大張旗鼓地推出1元開戶的「幸福存款」。一連數日，街頭、車站、酒樓前、商廈門口，到處都是手拿喇叭，殷殷切切，滿腔熱忱地向過往行人宣傳「一元開戶」種種好處的「十信」職員，令人眼花撩亂的各種宣傳品更是滿城飛。「十信」的宣傳活動令其他金融同行大笑不止，人人都在嘲諷蔡萬春瞎胡鬧——「一元開戶」，一塊錢就能開一個戶頭？連手續費還不夠哩！

但是，精誠所至，金石為開。奇蹟出現了——家庭主婦、小商小販、學生族群爭先到「十信」辦理「幸福存款」，「十信」的門口竟然排起了存款的長隊，而且勢頭長盛不衰。沒過多久，「十信」即名揚台北市，存款額與日俱增。

邁出了成功的第一步，蔡萬春信心倍增。「不能跟在別人後面走，要創新路！」經過仔細觀察、分析，他又發現了一個大銀行家沒有涉足的市場——夜市。隨著市場的繁榮，燈火輝煌的夜市不比「白市」遜色多少，而銀行是不在夜晚營業的。蔡萬春大膽地推出夜間營業。台北市的各個階層一致拍掌說好，許多商家專門為夜市在「十信」開戶，「十信」由此譽滿台北。

就這樣，「十信」匯涓涓細流以成大海，很快發展成一個擁有17家分社、10萬社員，存款額達一七〇億新台幣的大社，列台灣信用合作社之首。

資金雄厚了，蔡萬春又有了新打算。一九六二年，他訪問日本，日本鬧市區一座又一座金融業的高樓大廈在他心頭留下深刻的印象，他覺得這些雄偉壯觀的大廈不僅令人難忘，更給人一種堅實感、信任感。回到台北，他就不惜重金，在繁華地段建起一幢幢高樓大廈。

原先譏笑過蔡萬春的金融界同行又笑了。但是，他們還來不及將唇邊的笑容收斂起來，就瞪大了眼睛——「十信」的營業額呈直線上升，原先屬於他們的那些客戶，也一個個跑到「十信」去了。

「十信」躍居台灣金融業之首。蔡萬春由「一元開戶」起家，最終成了在台灣金融界舉足輕重的金融鉅子。

九變篇

原文

孫子曰：凡用兵之法，將受命於君，合軍聚眾。圮無舍②，衢地交合③，絕地無留④，圍地則謀⑤，死地則戰⑥。

塗有所不由⑦，軍有所不擊⑧，城有所不攻⑨，地有所不爭⑩，君命有所不受⑪。

故將通於九變之地利者，知用兵矣⑫；將不通於九變之利者，雖知地形，不能得地之利矣⑬。治兵不知九變之術⑭，雖知五利⑮，不能得人之用矣⑯。

是故屈諸侯者以害㉑，役諸侯者以業㉗，趨諸侯者以利㉓。

故用兵之法，無恃其不來，恃吾有以待也㉔；無恃其不攻，恃吾有所不可攻也㉕。

故將有五危：必死，可殺也㉖；必至，可虜也㉗；忿速，可悔也㉘；廉潔，可辱也㉙；愛民，可煩也㉛。凡此五者，將之過也，用兵之災也。覆軍殺將㉜，必以五危㉝，不可不察也。

注釋

①九變：九，數之極。九變，多變之意。這裡指：在軍事行動中，針對外界的特殊情況，靈活運用一般原則，做到應變自如而不墨守成規。

②圮地無舍：圮（音疋），毀壞、倒塌之意。圮地，指難以通行之地。舍，止；此處指宿營。圮地無舍，即在難以通行的山林、險阻、沼澤等地不可宿營。

③衢地交合：衢（音渠），四通八達。衢地即四通八達之地。交合，指結交鄰國以為後援。

④絕地無留：絕地，難以生存之地。句意為：遇上絕地，不要停留。

⑤圍地則謀：圍地，指進退困難，易被包圍之地。謀，即設定奇妙之計謀。在易於被圍之地，要設奇計以擺脫困難。

⑥死地則戰：進則無路，退亦不能之地，非經死戰，則難以生存。

⑦塗有所不由：塗，即途，道路。由，從、通過。此言：有的道路不要通過。

⑧軍有所不擊：指有的軍隊不宜攻擊。

⑨城有所不攻：有的城邑不應攻取。

⑩地有所不爭：有些地方，可以不去爭奪。

⑪君命有所不受：有時君主的命令也可以不接受。此句之前提，指上述「塗有所不由……等四種情況。

⑫故將通於九變之地利者，知用兵矣：將帥如果能通曉九種地形的利弊及其處置：就懂得如何用兵作戰了。通，通曉、精通。

⑬將不通於九變之利者，雖知地形，不能得地之利矣：將帥如果

不通曉九變的利弊，即使了解地形，也不能從中獲得幫助。

⑭九變之術：九變的具體手段和方法。

⑮五利：指「塗有所不由」至「君命有所不受」等五事之利。

⑯不能得人之用矣：指不能夠充分發揮軍隊的戰鬥力。

⑰智者之慮：聰明的將帥思考問題。慮，思慮、思考。

⑱必雜於利害：必然充分考慮和兼顧到有利與有害兩個方面。雜，混合、摻雜；這裡有兼顧之意。

⑲雜於利，而務可信也：務，任務、事務。信，同「伸」，伸張、舒展；這裡有完成之意。句意為：如果考慮到事物有利的一面，即可完成戰鬥任務。

⑳雜於害，而患可解也：意為：在有利的情況下考慮到不利的因素，禍患便可消除。解，化解、消除。

㉑屈諸侯者以害：指用敵國所厭惡的事物去傷害他從而使他屈服。屈，屈服、屈從；這裡作動詞用。諸侯，此處指敵國。

㉒役諸侯者以業：指用危險的事物去煩勞敵國，使之疲於奔命，窮於應付。業，事也。此處特指危險的事。

㉓趨諸侯者以利：趨，奔赴、奔走；此處作使動詞用。句意指：用小利引誘、調動敵人，使之奔走無暇（一說以利誘敵，使之歸附自已）。

㉔無恃其不來，恃吾有以待也：恃，倚仗、依賴、寄希望。意為：不要寄希望於敵人不來，而要依靠自己所做的準備充分。

㉕無恃其不攻，恃吾有所不可攻也：不要寄希望於敵人不來進攻，而要依靠自己具備強大的實力，使得敵人不敢來進攻。

㉖必死，可殺也：必，堅持、固執之意。句言：堅持死拼，則有被殺的危險。

㉗必生，可虜也：言將帥若一味貪生，則不免成為戰俘。

㉘忿速，可侮也：忿，憤怒、忿懣。速，快捷、迅速；這裡指急躁、偏激。句言：將帥如果急躁易怒，遇敵輕進，就有中敵人輕侮之計的危險。

㉙廉潔，可辱也：將帥如果過於潔身自好，自矜名節，就有受辱的危險。

㉚愛民，可煩也：將帥如果溺於愛民，不審度利害，不知從全局把握問題，就易為敵所乘，有被動煩勞的危險。

㉛覆軍殺將：使軍隊覆滅，將帥被殺。覆，覆滅、傾覆。覆、殺均為使動用法。

㉜必以五危：必，一定、肯定。以，由、因之意。五危，指上述「必死」、「必生」五事。言「覆軍殺將」都是由這五種危險引起，不可不充分注意。

譯文

孫子說：大凡用兵的法則，皆來自將帥接受國君的命令，以徵集民眾，組織軍隊。出征時，在沼澤連綿的「圮地」上不可駐紮；在多國交界的「衢地」上應結交鄰國；在「絕地」上不要停留；遇上「圍地」，要巧設奇謀；陷入「死地」，要殊死戰鬥。有的道路不宜通行；有的敵軍不宜攻打；有的城邑不宜攻取；有的地方不宜爭奪；國君下的命令，有時可以不執行。

所以，將帥如果能夠精通各種機變的利弊，就可說是懂得用兵了。將帥如果不能精通各種機變的利弊，那麼即使了解地形，也不能得到地形之利。指揮軍隊而不知道各種機變的方法，即便知道「五利」，也不能充分發揮軍隊的戰鬥力。

所以，聰明的將帥考慮問題，必定充分兼顧到利與害兩個方面。在不利的情況下能夠看到有利的條件，大事便可順利進行；在順利的情況下能夠看到不利的因素，禍患就能預先排除。

要用各國諸侯最厭惡的事去傷害它，迫使它屈服；要用各國諸侯感到危險的事去困擾它，迫使它聽從我們的驅使；要用小利去引誘各國諸侯，迫使它被動奔走。

用兵的法則是：不要寄希望於敵人不來，而要依靠自己所做的充分準備；不要寄希望於敵人不進攻，而要依靠自己擁有使敵人無法進攻的力量。

將帥有五種重大的險情：只知道死拼蠻幹，就可能被誘殺；只顧貪生活命，就可能被俘虜；急躁易怒，就可能中敵人輕侮的奸計；一味廉潔好名，就可能入敵人污辱的圈套；不分情況「愛民」，就可能導致煩勞而不得安寧。以上五點，是將帥的過錯，也是用兵的災難。使軍隊遭到覆滅，將帥被敵擒殺，一定是由這五種危險所引起。對此，不可不予以充分的重視。

講解

歷來對「九變」的說法不一。有人認為，「九變」是指本篇中「圮地無舍」到「地有所不爭」等九事；也有人認為，「九」言極數，九變即多變之意。無論哪一種說法，都認同這樣一個道理：九變，是要求人們機變行事，靈活地運用各種方法和原則。

孫子開篇即提出，在不同的地形下，由於位置、地貌的不同，應採取不同的部署與措施（這在「九地篇」中再度論及）。圮、衢、絕、圍、死，這些都是歷來兵家注意的地形，依勢而變，方可通曉「九變之術」。

孫子說：「智者之慮，必雜於利害。」這是說，有智慧的人，無論處理任何事，一定會將利與害一併考慮。這樣一來，方可使事情順利進行，也可使令人擔心的事消失不見。權衡利弊之後，再去決定作戰的計畫與謀略，化不利為有利，或者盡一切努力，達到「趨利避害」。

在本篇中，孫子又一次提出「有備無患」的用兵之法。夜戰之際，失去先機，倉促應戰，最應忌諱。所以，戰爭之前，將帥不能把希望寄託於敵人不來、不攻，心存僥倖，而應該把勝利奠定於自己已做了充分準備的基礎上，做到「防患於未然」。

最後，孫子又提出了「將帥五危論」。他說，將帥可能遇到五種陷阱：「死、生、忿、廉、愛」。過分傾向於這五種感情，會使將帥失去勝利，也會使軍隊由於將帥的缺失而遭慘敗。真正的將才，應該具有良好的性格修養、大將風度，做到冷靜沉著、從容不迫，如「九地篇」中所說：「將軍之事，靜以幽，正以治。」

以利誘敵，太公釣魚

原文

趨諸侯者以利。

點評

《孫子兵法》中所提及的「利」，大致可分為兩種：一種是敵我交戰時的利與害中的利。如：有利的戰機——形勢對我有利，我就與之交鋒；對我不利，我就不與之交鋒。（**「九地篇」：「合於利而動，不合於利而止。」**）一種是軍需運輸耗資得失的利。如：打消耗戰——「日費千金，舉十萬師。」（**《火攻篇》**）

孫子一面告誡戰場上的統帥：敵人以「餌兵」引誘，不要理睬（「餌兵勿食」），一面又啟迪戰場上的指揮員：對於貪利的敵人，要用小利去引誘他（「利而誘之」）。

但是，要使新施之「利」、所設之「餌」讓敵人吞下，不是一件容易的事。

首先，必須對敵情了如指掌：敵方的作戰企圖、武器裝備、後勤供應、敵將之間的關係、敵將的性格特點等等，必須盡可能多了解。其次，根據上述情況，採取相應的誘敵方法。如對貪婪之敵，以重金財物誘之；對驕狂之敵，示弱佯敗以誘之；對好色之將，以美人計誘之。再次，要掌握好施「利」的時間：太早，敵人可能把「誘餌」吃光；太晚，又起不到作用。

「姜太公釣魚，願者上鉤。」

「自願上鉤」的人天天都有、時時都有。

典故名篇

❖ 平原君「利令智昏」

戰國時期，秦國攻取了韓國的野王（地名），又成功地截斷了韓國救援上黨郡的道路，使上黨落入秦國的口袋之中。

上黨郡有17座城池，郡守馮亭眼見全郡不保，便召集部下商量道：「與其把上黨郡送給秦國，不如乾脆投降趙國。趙國得到上黨，一定會派軍隊前來。這樣，對我們韓國也有好處。」

言罷，他立刻派使者帶著書信和上黨郡的地圖前往趙國。

趙孝成王向平陽君和趙豹問計：「馮亭降附，你們看，這是好事，還是壞事？」

趙豹奏道：「馮亭是想把矛盾轉移給我們趙國。試想，上黨郡已在秦國掌握之中，我們得了上黨，秦國能善罷甘休嗎？」

平原君卻貪圖韓國的17座城池，如此回答：「我們跟各諸侯國爭戰多年，一共才得到幾座城池？現在不費吹灰之力即可得到17城之大利，怎可白白放過？秦國有兵有將，難道我們趙國的兵將只會白吃飯嗎？」

此話正合趙王心意，於是他重賞了馮亭，派平原君去接收上黨郡的17座城池。

秦昭王得知趙國派人收取了上黨郡，勃然大怒，立刻派大將白起進攻趙國。趙王派大將廉頗迎戰，雙方相持不下。不久，秦昭王用計離間了趙王與廉頗的關係，趙王撤換了廉頗，代之以只會「紙上談兵」的趙括。長平一戰，趙國40萬大軍被秦軍俘獲，活埋，秦軍一直逼近到趙國國都邯鄲城下。

司馬遷在《史記》中如此評述這件事：「平原君『利令智昏』，貪馮亭邪說，使趙陷長平兵四十餘萬眾，邯鄲幾亡。」

❖「強力膠水」的推銷訣竅

「強力膠水」問世後，老闆為如何能讓他的產品為世人所接受而絞盡了腦汁。最後，他終於覓得一條絕技。

這老闆先在一家金店公開訂製了一枚價值四千五百美元的金幣，並大肆宣揚。待公眾對這枚金幣議論紛紛，他又請來一批貴賓和一些新聞界人士，舉行了一次別開生面的表演：在攝影機的鏡頭前，他拿出一瓶「強力膠水」，小心地打開瓶蓋，將膠水塗在金幣上，然後輕輕地把金幣往牆上一貼，對貴賓和圍觀的人群說：「諸位先生，諸位小姐，眾所周知，這枚金幣價值四千五百美元，現在已被我用本公司發明的強力膠水貼在牆上。我宣布，哪位先生、小姐若能用手把它揭下來，這枚金幣就屬於他（她）！」

話音剛落，一個又一個先生、小姐紛紛走上前，躍躍欲試。但他們都失敗了。這一切都被攝影機拍下來，通過電視，播放出去了。

最後，名聞遐邇的氣功大師也來了。攝影機前，氣功大師氣沉丹田，緩緩運氣，將氣凝聚在扣住金幣邊緣的五個手指上，猛地「嗨！」一聲喊，只見牆壁裂出一道細縫，但那枚金幣卻仍貼在牆上，熠熠閃光。

「強力膠水」，果然名不虛傳！

「強力膠水」從此名播全世界，暢銷全世界。

❖ 小老鼠為老闆賺大錢

一般地說，顧客購物時，心中都想佔點便宜。

美國人詹姆斯・卡什・彭尼就是利用顧客的這種心理，著實地撈了一把。

彭尼開了一家零售商店。這一年，美國經濟衰退，大大小小的商店生意都不景氣。彭尼為扭轉商店的蕭條局面，招攬顧客，想出了一條妙計——

他在一塊膠合板上摳了大約50個洞，每個小洞旁分別寫上10%、20%、30%、40%等折扣碼，然後把一隻隻玻璃瓶擱到小洞後面，放在櫃枱上。每當有顧客前來購物，他就放出一隻小老鼠，小老鼠鑽入哪隻玻璃瓶，就按哪個洞旁標明的百分比，打折扣出售貨物。比如鑽入標明40%數碼的那個小洞後的玻璃瓶，就要折價40%賣出本店的商品。

彭尼是個聰明人，他早已洞悉了老鼠的生活習性——牠們只喜歡待在有同類的地方。當小老鼠在每個小洞前踟躕時，牠們是在探尋有沒有同類待在裡面。彭尼把幾粒老鼠糞事先放入標有10%、20%小洞後的玻璃瓶中、小老鼠嗅到同類的糞便味，認為裡面有同類，於是欣然而入。因此，顧客們只能買到折價10%或20%的貨物——在當時的市場上，其它商店的貨物大多也折價10%或20%出售。

絡繹而來「碰運氣」的顧客，並不知道其中的奧祕，小小老鼠著實給彭尼增加了不少收入。

❖ 哈羅斯減價促發展

多數消費者對商品的價格都極為敏感，一般都希望少付多得。針對這一求利購買的動機，許多商人打出「血本大甩賣」、「跳樓價」等招牌引誘顧客，從而獲得豐厚的利潤。靠這一策略，最成功的當數英國著名的哈羅斯百貨公司。

哈羅斯百貨公司位於英國倫敦市中心海德公園一隅，是從一間雜貨舖發展成目前歐洲最大的百貨公司，已有一百五十多年的歷史。如今，這裡是一幢共有5層樓的龐大建築，總面積達12萬多平方米。樓內設施一應俱全，其數量之多，令人驚訝——有12部扶手電梯、50部升降機、二千部電話機。升降機和扶手電梯每年累計行走約10萬公里；電話的使用量平均每天1萬次，聖誕節前後則高達2萬次。

哈羅斯公司取得這一輝煌業績，靠的就是「以利誘人」的辦法，即「哈羅斯瘋狂大減價」。每年聖誕節及新年前後，哈羅斯百貨公司以出人意料之外的價格，實行所謂「瘋狂大減價」。屆時，慕名前來購物的顧客如潮水般湧入。白天，如雲的顧客摩肩接踵，擠得這裡水洩不通；入夜，這兒仍然萬頭攢動，人聲鼎沸。如此盛況，再加上商場四周懸掛著閃閃發光的萬盞燈火，真是風光十足。

哈羅斯的發展可謂驚人，而綜觀其經營管理的方方面面，最主要的手法就是「瘋狂大減價」。其實，這種做法在商界可說司空見慣，到處可見諸多商店推出「大減價」、「不惜血本大酬賓」之類手段以吸引顧客。然而，像哈羅斯這樣持之以恒，有規律又使人感到有利可圖的大拍賣卻不多見。

事實上，大減價、大拍賣、大酬賓，的確可以獲得可觀的利潤，商店一旦聲名遠揚，樹立了自己的形象，其效果頗為巨大。

哈羅斯百貨公司靠著持之以恒的「瘋狂大減價」，為自己做了最好的廣告，提高了在廣大消費者中的知名度。這既擴大了銷售額，又使自己聞名於世，令消費者嚮往，竟使英國女王每年也到這兒購物。聖誕節及新年的大拍賣時期，更吸引了成千上萬歐美客人、全球各地的觀光客。

這裡還有幾個數字可以進一步證明哈羅斯公司營銷策略的成功：公司現有僱員六千人，每月付給他們的薪金超過四百萬英鎊。一八五〇年的營業額是一千英鎊。時隔136年，一九八六年的營業額是3.1億英鎊；光是1月8日，一天的營業額就達六百萬英鎊！

防患未然，有備無害

原文

用兵之法，無恃其不來，恃吾有以待也；無恃其不攻，恃吾有所不可攻也。

點評

戰爭是智和勇的搏擊，一次小小的疏忽，就可能導致兵敗身亡，甚至國破家亡的惡果。因此，孫子諄諄告誡軍隊的統帥：千萬不要把希望寄託於敵人的「不來」、「不攻」上面，而要把勝利奠定於己方的充分準備，使敵人無懈可擊、無機可乘的基礎上。

典故名篇

❖ 疏於防範，兵敗身亡

公元二一九年秋天，關羽用大水淹沒了魏將于禁、龐德的七千人馬，乘勝進攻曹仁把守的樊城。曹操聞報大驚。謀士司馬懿獻計道：「孫權與劉備是明合暗不合，他早就想奪取荊州，只是沒有機會。如果我們許諾把江南的土地讓給他，讓他出兵攻擊關羽的後方，樊城之危即可不戰自解。」曹操贊同此計，立刻派使者致函孫權。孫權貪利忘義，果然派大將陸遜、呂蒙偷襲關羽後方。

荊州位於魏、蜀、吳三國之間，是南北交通之要道、兵家必爭之地。赤壁大戰後，曹操、劉備、孫權各自擁有荊州的一部分，其中劉備所佔最大。孫權出於聯合劉備共同抗擊曹操的需要，還把南部借給劉備。因此，荊州實際上是在劉備控制之下。劉備入川之後，把荊州交由大將關羽鎮守。

關羽遠征樊城，對後方的東吳本來有所防備。東吳守將呂蒙為了麻痺他，故意藉治病為名，退回京都建業，而讓名不見經傳的青年將軍陸遜接替自己。陸遜文武雙全，到任後，立即派使者帶著他的親筆信和一份厚禮去見關羽。信中對關羽大加吹捧，對自己百般貶損，並再三致意關羽多加關照，蜀、吳兩家永世和好。關羽讀罷書信，認為陸遜不過是個乳臭未乾的書呆子，收下禮品，放聲大笑，隨後下令，把防範東吳的軍隊全部徵調到樊城前線。

關羽攻取樊城，勝利在望，忽然得報，孫權偷襲自己的後方，並且已攻取了公安、江陵等地，慌忙撤軍，企圖回師江陵。但呂蒙老奸巨猾，在攻佔公安、江陵等地之後，對蜀軍家屬備加關照。蜀軍將士得知家屬平安，一個個離關羽而去，投降了東吳。關羽回天乏力，敗走麥城，被呂蒙設計斬殺，荊州從此落入東吳手中。一代名將關羽因麻痺大意，疏於防範，導致兵敗、地失、身亡，其教訓何等慘痛！

❖ 本田宗一郎的危機管理

在競爭激烈的日本社會，本田公司總是能逢凶化吉，這是不是全靠運氣？一位著名的經濟管理學家曾這樣問這位繼松下幸之助之後的「經營之聖」本田宗一郎。

本田回答：「我們的運氣繫於本田式的危機管理。」

全世界汽車行業，每80輛轎車中就有一輛是「本田」版。在世界最大的汽車市場美國，一九九二年，轎車銷售總量為630萬輛，本田公司所生產的轎車佔了1／4。然而，使本田公司首先取得引人矚目的成功，從而揚名天下的是本田機車。就汽車工業界而言，本田技研工業公司在日本國內排名老二，在全世界，距「通用」、「福特」、「賓士」等「巨無霸」更遠。但在機車工業界，本田技研工業公司不僅在國內是龍頭老大，在世界上也是首屈一指。一九九一年，本田技研工業公司的機車產量為134餘萬輛，出口51萬8千輛，印有「HONDA」標誌的機車飛馳於世界各地。

70年代初，正當本田牌機車在美國市場暢銷走紅時，總經理本田宗一郎卻突然提出了「東南亞經營戰略」，倡議開發東南亞市場。

此時，機車激烈角逐的戰場是歐美市場，東南亞則因經濟剛剛起步，生活水平較低，機車還是一般人敬而遠之的高檔消費品。本田公司總部的大部分人對本田宗一郎的倡議都迷惑不解。

事實上，本田已經過深思熟慮。他拿出一份詳盡的調查報告，向同仁解釋：「美國經濟即將進入新一輪的衰退期，機車市場的低潮正要來臨，只盯住美國市場，一有風吹草動，我們會損失慘重。而東南亞經濟已經開始起飛。按一般計算，人均年產值二千美元，機車市場就能形成。只有未雨綢繆，才能處亂不驚。」

一年半以後，美國經濟果然急轉直下。消費市場首當其衝，許多企業的大量產品滯銷，庫存劇增。幾十萬輛本田機車也壓在庫裡。與此同時，東南亞市場上，機車果然開始走俏。本田立即根據當地的條件，將庫存品進行改裝後，銷往東南亞。

由於已提前一年實行旨在創品牌、提高知名度的經營戰略，所以產品投入市場後如魚得水。這一年，和許多虧損的企業相比，本田公司非但未損失分毫，而且創出了銷售額的最高記錄。

總結這一經驗，本田公司從此形成了居安思危、有備無患的經營策略。每當一種產品或一個市場達到高潮，他們就開始著手研究開發新一代產品和開拓新市場，從而使本田公司在危機來臨時，總能找到新的出路。

❖包玉剛穩健經營成「船王」

包玉剛是世界上最大的航運業巨頭之一。他祖籍中國浙江寧波，年輕時任過銀行經理。一九四九年，偕同家屬遷居香港。一九五五年，毅然決定轉營航運業，創立了環球有限公司，買下一艘已經使用27年的舊船，專門經營把煤炭從印度裝運到日本的業務。

他的作風非常穩健，以薄利多銷的方針經營航運業。他盡可能避免風險，不為高額利潤鋌而走險。

一般船東都是「海上冒險家」，採取「散租」方式，視航運需求而定租金。這種方法在航運興隆時期最易獲利，而且往往獲得暴利。包玉剛卻摒棄了「散租」方式，採取了定期租船的穩建手段。他認為，「散租」風險太大，一旦航運需求減弱，手上有船卻無人租用的情形就會出現。他經營航運，必先找好長期的租戶，然後才購置新船。這不但能保證船隻不致空置蝕息，也可說服銀行大量貸款；即租戶的保證，可獲得銀行信任，銀行的支持，反過來又可實現他對租戶的承諾。他說：「我的座右銘是——寧可少賺，也要儘量少冒險。」

一九五六年，埃及總統納賽爾將蘇伊士運河收歸國有，造成國際危機，貨物積壓嚴重，海運業務興旺，航運費用大漲。此時，有人勸包玉剛以幾乎達船價1／4的的高價，把船租給散租貨主，以取得高額利潤。但他慧眼獨具，不為所動，一如既往，只承接東南亞的業務，避免同財大氣粗的西方船主直接競爭，不久之後，因為蘇伊士運河重新開放，致運費暴跌，許多船主因此受到很大的損失，甚至破產。包玉剛在這場動盪中則安然無恙。這樣，短短10年，包玉剛立足東南亞，依托中國大陸，盡佔天時、地利、人和，業務蒸蒸日上，一躍而成為擁有一千八百萬噸龐大船隊的「世界船王」。

❖ 台灣蘆筍大王

台灣出產的蘆筍，在世界市場佔有率最大，而台灣的蘆筍行業中，「蘆筍王」王順天名頭最響。王順天是高雄人，現任東昌食品股份有限公司總經理。他通過經營蘆筍罐頭業務，由一貧如洗的農家子弟，成為擁有資產千萬的巨賈。

50年代末，王順天通過調查研究，判斷蘆筍這種低熱量的高級營養蔬菜將可迎合現代人的飲食心理。隨著生活的好轉，現代人產生了一種恐肥症。蘆筍營養好，熱量低，且美味可口，發展前景必定可觀。通過科學分析，王順天認定台灣的氣候和土壤都適合栽培蘆筍，而台灣當時的勞動力相當低廉，把蘆筍加工成罐頭出口，一定可以賺上大把的鈔票。

王順天的這種預見，在當時遭到許多人的嘲笑，認為他必敗無疑，但他確信自己的分析，毅然決定在家鄉高雄縣路竹鄉設立東昌食品公司，從事蘆筍罐頭加工業。

當時的台灣農民，對蘆筍生產的把握性十分懷疑，擔心種出來後沒銷路。王順天為了安撫農民，確保工廠所需的原料，採取契約方式，與農民簽訂蘆筍原料供應合同。

在第一年的生產經營中，由於外銷市場未打開，王順天遇到很大的困難。但他並不灰心，把與農民簽訂的合同一一兌現，使農民穩住了繼續種植蘆筍的信心。他把收購來的原料加工成罐頭後，主要靠內銷。為此，最初一、二年根本沒有賺錢。

第三年開始，東昌公司的外銷渠道打開了。這一年，世界蘆筍主產區——美國歉收，給東昌公司的蓬勃發展帶來了機遇，許多客戶轉向東昌訂貨，蘆筍罐頭的價格從每箱3美元漲至18美元。台灣共出口60萬箱，王順天獲得了非常可觀的利潤。

蘆筍罐頭出口成功，全台灣很快就發展到上百家生產蘆筍的罐頭廠，農民種植蘆筍的面積也大幅增加。

王順天預感到危機將要來臨——這樣盲目生產，市場必然承受不了，會導致同業間相互競爭的混亂局面。為此，他拋售了大量期貨，得到很好的價格。半年後，果然不出他所料，蘆筍罐頭供過於求，自相殺價求售的現象普遍，每箱由18美元跌至12美元。很多廠商蒙受了巨大的損失。東昌公司卻穩坐釣魚船，繼續取得很大的盈利。

處變不驚，從容對敵

原文

故將有五危：必死，可殺也；必生，可虜也；忿速，可侮也；廉潔，可辱也；愛民，可煩也。

點評

將帥統領三軍，他的一個命令，一個行動，不僅關係到三軍將士的生死，還關係到國家的安危、百姓的存亡。因此，身為將帥，必須具有良好的個性修養、大將風度，要冷靜沉穩，不急不躁，處變不驚，從容對敵。這是孫子「慎戰」思想的具體體現。

在古今中外的戰場上，處變大驚、因怒興兵、感情用事，導致戰爭失敗的戰例屢見不鮮。

公元二二二年，劉備為報關羽被殺之仇，不顧諸葛亮、趙雲及眾臣的苦苦勸說，親率大軍伐吳，被吳將陸遜火燒連營，大敗而歸。劉備又羞又惱，不久即病死，蜀國也因此元氣大傷。

同樣地，戰場上也不乏處變不驚，從容料敵、對敵，從而化險為夷的戰例。

諸葛亮五出祁山伐魏，聯合了東吳的孫權同時出兵。孫權派陸遜從水上進軍，自己率大軍先行。不料，行至巢湖口，大將孫泰被魏軍射殺，孫權被迫撤軍。消息傳到陸遜耳中，陸遜面對漸漸迫近，佔絕對優勢的魏軍，不但不退，反而命令軍隊棄船上岸，向魏軍盤據的襄陽進發，擺出一副與魏軍決一死戰的姿態。魏軍也停止進軍，做出迎戰的準備。

當時，吳軍中不少將領對此舉大驚失色，問道：「敵強我弱，我們不趕緊撤軍，反而出擊，豈不是以卵擊石？」

陸遜回答：「正因為敵強我弱，我們才不能馬上撤兵。否則，敵人掩殺過來，那種混亂的局面，不是你、我所能控制住的！」

陸遜一面命令軍隊前進，一面悄悄安排好撤退的船隻。待得知魏軍正在構築防禦工事，他突然命令停止前進，改後隊為前隊，疾速向江邊撤退，登上張帆待發的戰船。魏軍發現中計，追到江邊，陸遜已把全部人馬撤回江東。

古代許多名將深知自己肩負使命的重大，為了克服自己脾氣暴躁的弱點，專門製作了「制怒」、「忍」等各種匾額，或掛在正屋，或放在案頭，時時提醒自己。

典故名篇

❖宗澤守汴京

北宋靖康元年，金軍攻克宋都汴京（今河南開封），將徽、欽二帝俘虜而去。第二年，宋高宗趙構即位，史稱南宋。趙構起用主戰派將領，收復了汴京，並任命將軍宗澤為汴京留守。10月，金軍再次南下。趙構倉皇逃至揚州，將汴京城留給宗澤防守。

金軍迅速佔領秦州（今甘肅天水）至青州（今山東北部）一線許多重鎮，兵臨汴京城下。但見城頭旌旗獵獵，城內卻毫無備戰的景象：做生意的做生意，迎親的迎親，大街小巷，人來人往，一派安詳。金軍統帥疑心頓起，認為城內有詐，下令暫緩攻城。

原來，金軍逼近的消息傳至汴京，城內人心惶惶。宗澤的僚屬也都沉不住氣，但又不見宗澤的身影，只好相約去宗澤府邸，找他商討大計。不料，入府一看，宗澤正跟一位客人下圍棋，神情專注，彷彿壓根兒不知金人打來一樣。眾人大惑不解，連連示警。

宗澤笑道：「收復汴京之後，我招募了眾多抗金義士，在汴京城外修築了24座堡壘，沿護城河構築了堅固的堡壘群，還製造了一千二百輛決勝戰車，足可與金軍決一死戰。眼下敵軍來勢洶洶，兵力遠遠超過我們，我們就應避其銳氣，以計謀迷惑他，伺機擊退。敵我尚未短兵相接，諸位就這樣慌亂，士兵和百姓會怎麼想？」

眾僚屬被他說得面紅耳赤。

按照宗澤的布置，僚屬們一個個領命而去。於是，金軍在列陣於汴京城外時，看到了上述反常的景象。

金軍按兵不動，派出間諜四處偵察。然而，不待他們把情況摸清楚，到了第三天，駐紮於城外的一支宋軍在統制官劉衍率領下，擂響戰鼓，衝入了金營。金軍沒想到宋軍竟敢率先發動進攻，急忙上馬迎戰。這時，城樓上的宗澤一面擊鼓助威，一面向早已埋伏在金軍後翼的宋軍發出出擊信號。金軍遭到前後夾擊，頓時大亂，拋下大量輜重和沿途掠奪來的財物，落荒向北逃去。

自此以後，金軍在很長的一段時間內，不敢再犯汴京。

❖ 波音公司因「險」得「福」

一九八八年4月27日，美國阿哈羅航空公司一架波音七三七客機自檀香山機場起飛後不久，突然「轟隆」一聲巨響，飛機前艙頂蓋被掀開一個直徑達6米的大洞，一名空姐當即被掀出機外。駕駛員採取緊急措施，把飛機降落在鄰近的機場。令人驚異的是：除了那名不幸的空中小姐之外，全機89名乘客和其他機組人員無一傷亡。有關人員立即趕赴現場，對飛機發生事故的原因進行調查。

波音公司面對嚴峻的考驗，毫不驚慌，派出高級技術人員參與調查。隨著調查的深入，波音還透過電台、電視台、報紙、雜誌等新聞媒體大造輿論，對空難事件大加宣揚。波音公司的解釋是：這是一架已飛行了20年，起落9萬多次的客機，按照技術規定，它早該退休。飛機過於陳舊、金屬磨損是造成此次事故的主要原因。但即使是一架如此陳舊的波音七三七，還能保證乘客無一傷亡，這證明了什麼？只能證明波音公司的飛機，質量上的的確確是上乘、可靠。

波音公司處變不驚，從容查清了造成空難的原因，並大加宣傳，不但沒有損傷公司的形象，反而使公司因「險」得「福」。事故之後，波音公司接獲的訂單成倍增加，僅國際金融集團和美國航空公司兩家就訂購了130架波音七三七，公司在5月份接獲的訂單總額高達70億美元。

❖ 以毒攻毒，切中要害

哥倫比亞廣播公司（CBS）的電視節目「60分鐘」是80年代美國最具影響力的節目之一。它的主要節目，內容是曝光醜聞或一些重大問題，令許多人心驚膽戰。

一九七九年，「60分鐘」派記者哈里・雷森納到伊利諾州迪凱特市調查伊利諾電子公司（IP）所屬柯林頓核反應爐工程為什麼逾期尚未完工並且超過預算。伊利諾公司懷疑「60分鐘」企圖進行一場「惡毒誹謗」。但本著「公眾必須被告知」的原則，公司同意「60分鐘」

進行現場採訪。先決條件是——「60分鐘」必須同意伊利諾公司對現場採訪的攝影過程進行全程錄影。

11月25日，「60分鐘」就此次採訪，播放了一個16分鐘的片段。正如伊利諾公司所擔心的，它指責伊利諾管理失誤，貽誤工期，並將昂貴的超支費用轉嫁到消費者身上。

CBS節目的報導，在社會上引起強烈的反響，公眾紛紛譴責伊利諾公司，導致這家公司的股票在紐約股票交易所猛烈下跌。伊利諾遭此劇變，並沒有亂了陣腳，而是採取有力的措施，回擊CBS，挽救公司的名譽。

在「60分鐘」節目播出後幾天之內，伊利諾公司也製作了一部影片，將「60分鐘」播出的全部片段包含在裡面，並加入CBS所刪去的部分。這部影片質疑CBS所使用的資料，並將CBS所採訪的證人的真面目公之於眾。CBS所特意採訪的幾個人，都因道德敗壞，被公司開除。這三個人心存報復、對一些事實肆意歪曲。既然證人不可靠，那麼節目的可靠性就可想而知了。伊利諾公司的反擊切中要害。

這部反駁錄影帶很快在公眾當中傳播開來，並拷貝分給各地議員、公司總裁、新聞記者。其後，這種做法被許多大公司所模仿，成了對付新聞記者的高招。

「60分鐘」不得不承認自己的報導中有策劃不周和事實不準確的地方。

行軍篇

原文

孫子曰：凡處軍①、相敵②，絕山依谷③，視生處高④，戰隆無登⑤。此處山之軍也。絕水必遠水⑥。客⑦絕水而來，勿迎立於水內，令半濟而擊之⑧，利；欲戰者，無附於水而迎客⑨；視生處高，無迎水流⑩。此處水上之軍也。絕斥澤⑪，惟亟去無留⑫；若交軍於斥澤之中⑬，必依水草而背眾樹⑭。此處斥澤之軍也。平陸處易，而右背高⑮，前死後生⑯。此處平陸之軍也。凡此四軍⑰之利，黃帝之所以勝四帝也⑱。

凡軍好高而惡下⑲，貴陽而賤陰⑳，養生而處實㉑，軍無百疾，是謂必勝。丘陵堤防，必處其陽，而右背之㉒。此兵之利，地之助也㉓。上雨，水沫至，欲涉者，待其定也㉔。凡地有絕澗㉕、天井㉖、天牢㉗、天羅㉘、天陷㉙、天隙㉚，必亟去之，勿近之。吾遠之，敵近之；吾迎之，敵背之㉛。軍行有險阻㉜、潢井㉝、葭葦㉞、山林、翳薈者㉟，必謹復索之㊱，此伏奸之所處也㊲。

敵近而靜音，恃其險也；遠而挑戰者，欲人之進也。其所居易者，利也㊳；眾樹動者，來也；眾草多障者，疑也㊴。鳥起者，伏也㊵；獸駭者，覆也㊶。塵高而銳者，車來也㊷；卑而廣者，徒來也㊸；散而條達者，樵採也㊹；少而往來者，營軍也㊺。辭卑而益備者，進也㊻；辭強而進驅者，退也㊼；輕車先出，居其側者，陳也㊽。無約而請和者，謀也㊾；奔走而陳兵車者，期也㊿；半進半退者，誘也㊿。倚杖而立者，飢也㉒；汲而先飲者，渴也㉓；見利而不進者，勞也㉔。鳥集者，虛也㉕；夜呼者，恐也㉖；軍擾者，將不重也㉗；旌旗動者，亂也㉘；吏怒者，倦也㉙。粟馬肉食㉚，軍無懸缻㉛，不返其舍㉜者，窮寇也；諄諄翕翕㉝，徐與人言者㉞，失眾也。數賞者，窘也㉟；數罰者，困也㊱；先暴而後畏其眾者㊲，不精之至也㊳；來委謝者㊴，欲休息也㊵。兵怒而相迎，久而不合㊶，又不相去，必謹察之。

兵非益多也㊷，惟無武進㊸，足以并力、料敵、取人而已㊹。夫惟無慮而易敵㊺者，必擒於人。

卒未親附而罰之，則不服㊻，不服則難用也。卒已親附而罰不行，則不可用世。故令之以文，齊之以武㊼，是謂必取㊽。令素行以教其民㊾，則民服；令不素行以教其民，則民不服。令素行者，與眾相得也㊿。

注釋

①處軍：行軍、、宿營、處置軍隊；即在各種不同的地形條件下，軍隊行軍、作戰、駐紮諸方面的處置對策。處，處置、安頓、部署的意思。

②相敵：相，覘視、觀察。相敵，即觀察、判斷敵情。

③絕山依谷：絕，越度、穿越。指通過山地，要傍依溪谷行進。

④視生處高：視，看、審察；這裡是面向的意思。生，生處、生地；此處指向陽地帶。處高，即居高之意。視生處高，指面朝陽，居隆高之地。

⑤戰隆無登：隆，高地。登，攀登。言在隆高之地與敵作戰，不宜自下而上仰攻。

⑥絕水必遠水：意謂橫渡江河，一定要在離江河稍遠處駐紮。

⑦客：指敵軍。下同。

⑧勿迎之於水內，令半濟而擊之：迎，迎擊。水內，水邊。濟，渡。半濟，指渡過一半。此句謂：不要在敵軍剛到水邊時迎擊，而要讓敵軍渡到一半時發動攻擊。此時敵軍首尾不接，隊列混亂，攻之容易取勝。

⑨無附於水而迎客：不要在挨近江河之處同敵人作戰。無，勿。附，靠近。

⑩無迎水流：即勿居下游。意指不要把軍隊駐紮在江河下游處，以防敵人決水、投毒。

⑪絕斥澤：斥，鹽鹼地。澤，沼澤地。絕斥澤，即通過鹽鹼沼澤地帶。

⑫惟亟去無留：惟，宜、應該。亟，急、迅速。去，離開。意謂：遇到鹽鹼沼澤地帶，應當迅速離開，切莫停駐。

⑬若交軍於斥澤之中：如果在鹽鹼沼澤地帶與敵作戰。交軍，兩軍交戰。

⑭必依水草而背眾樹：一定要依傍水草，背靠樹林。依，依傍。背，背靠、依托之意。

⑮平陸處易，而右背高：遇開闊地帶，應選擇平坦之處安營，並把軍隊側翼部署在高地之前，以高地為依托。平陸，開闊的平原地帶。易，平坦之苑。右，軍隊側翼。方背高，指軍隊側翼要背靠高地以為依托。

⑯前死後生：即前低後高。生、死，此處指地勢高低，以高為生，以低為死。本句意為：在平原地帶作戰，要做到背靠山險而面向平地。

⑰四軍：指上述山地、江河、鹽鹼沼澤地、平原四種地形條件下的帶兵原則。

⑱黃帝之所以勝四帝也：這就是黃帝之所以能戰勝四方部族首領的緣由。黃帝是傳說中的漢族祖先，部落聯盟首領。傳說他曾敗炎帝於阪泉，誅蚩尤於涿鹿，北逐獯鬻（葷粥），統一了黃河流域。四帝，四方之帝，即周邊部族聯盟的首領，一般泛指炎帝、蚩尤等人。

⑲好高而惡下：即喜歡高處而討厭低處。好，喜歡。惡，討厭。

⑳貴陽而賤陰：貴，重視。陽，向陽乾燥的地方。賤，輕視。陰，背陰潮濕的地方。句意為：看重向陽之處而卑視陰濕地帶。

㉑養生而處實：軍隊要選擇水草和糧食充足、物資供給方便的地

域駐紮。養生，水草豐盛、糧食充足，能使人馬得以休養生息。處實，軍需物資供應便利。

㉒必處其陽，而右背之：置軍於向陽之地，並使其主要側翼背靠高地。

㉓地之助：得自地形的輔助。

㉔上雨，水沫至，欲涉者，待其定也：上，指上游。沫，水上草木碎末。涉，原意為徒步趟（音湯）水，這裡泛指渡水。定，指水勢平穩。

㉕絕澗：指兩岸峻峭，水流其間的險惡地形。

㉖天井：指四周高峻，中間低窪的地形。

㉗天牢：牢，牢獄。天牢是對山險環繞，易進難出之地形的形象描述。

㉘天羅：羅，羅網。指荊棘叢生，軍隊進入後如陷羅網，無法擺脫的地形。

㉙天陷：陷，陷阱。指地勢低窪，泥淖易陷的地帶。

㉚天隙：隙，狹隙。指兩山之間，狹窄難行的谷地。

㉛吾遠之，敵近之；吾迎之，敵背之：對於上述「絕澗」等「六害」地形，我們要遠離它，正對它，而讓敵軍去接近它，背靠它。

㉜軍行有險阻：險阻，險山大川阻絕之地。

㉝潢井：潢，積水池。井，內澇積水、窪陷之地。潢井，即指積

水低窪之地。

㉞葭葦；蘆葦；泛指水草叢聚之地。

㉟山林、翳薈：山林森然，草木繁茂。

㊱必謹復索之：一定要仔細、反覆地進行搜索。謹，謹慎。復，反覆。索，搜索、尋找。

㊲此伏奸之所處也：「險阻」、「潢井」等，往往是敵人之伏兵或奸細的藏身之處。

㊳其所居易者，利也：敵軍在平地上駐紮，是因為有利（進退便利）才這樣做。易，平易；指平地。

㊴眾草多障者，疑也：在雜草叢生之處設下許多障礙，是企圖使我方迷惑。疑，使動用法，使迷惑、使困惑之意。

㊵鳥起者，伏也：鳥雀驚飛，其下必有伏兵。伏，埋伏、伏兵。

㊶獸駭者，覆也：野獸受驚奔跑，是敵軍大舉來襲之兆。駭，驚駭、受驚。覆，傾覆、覆沒之意；引申為鋪天蓋地而來。

㊷塵高而銳者，車來也：塵土高揚，筆直上升，是敵人兵車馳來之兆。銳，銳直、筆直。車，兵車。

㊸卑而廣者，徒來也：塵土低而寬廣，表明敵人的步兵逼近。卑，低下。廣，寬廣。徒，步兵。

㊹散而條達者，樵採也：塵土散漫而有致，時斷時續，這是敵人在砍薪伐柴。條達，指飛揚的塵土分散而有致。

㊺少而往來者，營軍也：塵土稀少而此起彼落，是敵軍在察看地

形，準備安營紮寨。

㊻辭卑而益備者，進也：敵人措辭謙卑恭順，卻又加強戰備，這表明他圖謀進犯。卑，卑謙、恭敬。益，增加、更加之意。

㊼辭強而進驅者，退也：敵人措辭強硬，行動上又示以馳驅進逼之姿，這是準備後撤之跡象。

㊽輕車先出，居其側者，陳也：輕車，戰車。陳，同「陣」，即布陣。句意為：戰車先擺在側翼，是在布列陣勢。

㊾無約而請和者，謀也：敵人還沒有陷入困境，卻主動前來請和，其中必有陰謀。約，困屈、受制之意。

㊿奔走而陳兵車者，期也：敵人急速奔走，擺開兵車陣勢，是期望與我進行作戰。期，期望。

(51)半進半退者，誘也：敵人似進不進，似退不退，是為了誘我入其圈套。

(52)倚杖而立者，飢也：言倚著兵器站立，是飢餓之兆。杖，同「仗」，扶、倚仗之意。

(53)汲而先飲者，渴也：取水的人自己先喝，這是乾渴的表現。汲，汲水、打水。

(54)見利而不進者，勞也：眼見有利可圖，軍隊卻不前進，說明敵軍已疲勞。

(55)鳥集者，虛也：鳥雀群集敵營，表明敵營空蕩無人。

(56)夜呼者，恐也：軍卒夜間驚呼，這是軍中驚恐不安的跡象。

㊼軍擾者，將不重也：敵營驚擾紛亂，是因將領不夠持重的緣故。

㊽旌旗動者，亂也：敵軍旗幟不停地搖動，表明敵人已經混亂了。

㊾吏怒者，倦也：敵軍幹部煩躁易怒，表明士卒已疲倦，不聽指揮。

㊿粟馬食肉：粟，糧穀；這裡作動詞用，意為餵馬。粟馬食肉，拿糧食餵馬，殺牲口，食其肉。

61軍無懸缻：缻同「缶」，汲水用的罐子；泛指炊具。言敵軍已收拾起了炊具。

62舍：指軍營。

63諄諄翕翕：懇切和順的樣子。

64徐與人言者：語調和緩地同士卒商談。徐，徐緩溫和的樣子。人，此處指士卒。

65數賞者，窘也：敵軍一再犒賞士卒，說明其處境窘迫。數，多次、反覆。窘：窘迫、困窘。

66數罰者，困也：敵軍一再處罰士卒，表明其已陷入困境。

67先暴而後畏其眾者：指將帥一開始對士卒粗暴，繼而又懼怕士卒者。

68不精之至也：不精明到了極點。

69委謝者：委派人質來賠禮。謝，道歉、謝罪。

⑳欲休息也：指敵人欲休兵息戰。

㉑久而不合：合，指交戰。久而不合，即久而不戰之意。

㉒兵非益多也：兵員並不是越多越好。益多，即加多。

㉓惟無武進：只是，不要恃武冒進。惟，獨、只是。武進，恃勇輕進。

㉔足以并力、料敵、取人而已：能做到集中兵力、正確地判斷敵情、爭取人心則足矣。并力，集中兵力。料敵，觀察、判斷敵情。取人，爭取人心，善於用人。

㉕無慮而易敵：沒有深謀遠慮而無端蔑視對手。易，輕視、蔑視。

㉖卒未親附而罰之，則不服：在士卒還未親近依附之前就施用刑罰，士卒就會怨憤、不服。

㉗故令之以文，齊之以武：令，教育。文，指政治道義。齊，整飭、規範。武，指軍紀、軍法。此句意為：用政治、道義教育士卒，用軍紀、軍法統一、整飭部隊。

㉘是謂必取：指用兵打仗，一定能取勝。

㉙令素行以教其民：令，法令、規章。素，平常、平時。行，實行、執行。民，這裡主要指士卒、軍隊。

㉚令素行者，與眾相得也：軍紀、軍令平素能夠順利執行，是因為軍隊統帥同兵卒之間相處融洽。得：親和。相得，指關係融洽。

譯文

孫子說：凡是部署軍隊，觀察、判斷敵情，都應該注意：通過山地，要靠近有水草的山谷，駐紮在居高向陽的地方，不要去仰攻敵人已佔領的高地。這是在山地部署機動軍隊的原則。橫渡江河，必須在遠離江河處駐紮；敵人渡水來戰，不要在他到水邊時予以迎擊，而要等他渡過一半時再進行攻擊，這樣才有利；要同敵人決戰，不要緊挨水邊布兵列陣；在江河地帶駐紮，應當居高向陽，不可面迎水流。這是在江河地帶部署軍隊的原則。通過鹽鹼沼澤地帶，應該迅速離開，不要停留；倘若同敵人相遇於鹽鹼沼澤地帶，一定要靠近水草並背靠樹林。這是在鹽鹼沼澤地帶部署機動軍隊的原則。在平原地帶，要佔領平坦開闊的地域，側翼則應依托高地，做到前低後高。這是在平原地帶部署機動部隊的原則。以上四種部署軍隊之原則帶來的好處，正是黃帝之所以能戰勝其他「四帝」的原因。

駐紮部隊時，一般軍隊都是喜歡乾燥的高地，厭惡潮濕的窪地，重視向陽之處，輕視陰濕之地，靠近水草豐茂，軍需供應充足的地方。因為這些地方可以使將士百病不生，這樣，克敵制勝就有了保障。在丘陵、堤防地域，必須佔領朝南向陽的一面，並把主要側翼背靠著它。這是用兵上有利的措施，以地形為輔助條件。上游下雨漲水，洪水驟至，若想涉水過河，得等待水流平穩後再過。凡是遇上絕澗、天井、天牢、天羅、天陷、天隙這六種地形，必須迅速離開，不要靠近。我軍遠遠離開，而讓敵人去接近它們；我軍應面向它們，而讓敵人去背靠它們。行軍過程中如遇到險峻的道路、湖沼、蘆葦、山林和草木茂盛的地方，一定要謹慎地反覆搜索，因為這些地方，敵人可能設下伏兵和隱藏奸細。

敵人逼近而保持安靜，是倚仗他佔領了險要的地形；敵人離我很近而前來挑戰，是想引誘我軍入其圈套；敵人之所以駐紮在平坦地帶，是因為他這樣做有利可圖；許多樹木搖曳擺動，這是敵人隱蔽前來；草叢中有許多遮障物，這是敵人故布疑陣。鳥雀驚飛，表示下有伏兵；野獸駭奔，表明敵人大舉來襲。塵土又高又尖，是敵人的戰車馳來；塵土低而寬廣，是敵人的步兵逼近。塵土四散有致，是敵人在砍伐柴薪；塵土稀薄而又時起時落，是敵人正在結寨紮營。

敵人的使者措辭謙卑，實際上卻又在加緊戰備，表示他想要進攻；敵使措辭強硬，軍隊又做出前進的姿態，這是他準備撤退的徵兆；敵人戰車先出動，部署在側翼，這是在布列陣勢；敵人尚未受挫而主動前來講和，其中必有陰謀；敵人急速奔跑並擺開兵卒列陣，是期待同我決戰；敵人半進半退，是企圖引誘我軍。

敵兵倚著兵器站立，是因為飢餓；敵兵打水的人自己先喝，這是乾渴缺水的表現；敵人明見有利而不進兵爭奪，這是疲勞的表現；敵軍營寨上方飛鳥集結，表明是一座空營；敵人夜間驚慌叫喊，這是恐懼的表現；敵營驚擾紛亂，表明敵將已失去威嚴；敵陣旗幟搖動不整齊，說明敵軍已經混亂；敵方軍官易怒煩躁，表明全軍已經疲倦；用糧食餵馬，殺牲口吃肉，收拾起炊具，不返回營寨，這是打算拼死突圍的「窮寇」。敵將低聲下氣地同部下講話，表明他已失去人心；接連不斷地犒賞士卒，表明敵將已無計可施；反反覆覆地處罰部屬，表明敵軍處境困難。敵方將領先對部下兇暴，後又害怕部下，表現得最不精明；敵人派遣使者前來送禮言好，這是他希冀休兵息戰。敵人逞怒同我對陣，卻久不交鋒，又不撤退，必須審慎觀察他的意圖。

兵力並不是愈多愈好。只要不輕敵冒進，能做到集中兵力、判明敵情、取得部下的信任和支持，就足夠了；那種既無深謀遠慮而又自負輕敵的人，一定會被敵人所俘。

士卒還沒有親近依附就施行懲罰，他們就會不服，不服就難以使用；士卒已經親附，軍紀、軍法仍得不到執行，那也無法用他們去作戰。所以，要用懷柔寬仁的手段教育他們，用軍紀、軍法管束他們。這樣做，必能取得部下的敬畏和擁戴。平素能嚴格命令，管教士卒，士卒就會養成服從的習慣；平素不重視嚴格執行命令，管教士卒，士卒就會養成不服從的習慣。平時命令能夠貫徹，這表明將帥同士卒之間相處融洽。

講解

本篇以「行軍」為名，論述了在不同的地理條件下，行軍、處軍，觀察、判斷敵情等問題。敵我雙方都必然在一定的空間中活動，由於所處地形——山、河、澤等地理條件的不同，所採取的作戰方案也必須有所不同。

篇中講了四類地形（山地、江河、沼澤、平原）的處軍方法，又提出了如何使各種複雜的地形在軍事上為己所用，並防止被敵方利用。孫子說：「兵之利，地之助也。」地理條件與戰爭的關係十分密切。而我們研究地理環境的目的，就在於趨利避害，藉以取得戰爭的勝利。敵人常借助各種地形隱藏自己，這時就需要獨具慧眼，察微知著。文中，孫子提出了三十多種「相敵」之法。「用師之本，在知敵情。」只有透過迷亂的表象，看到敵人真正的意圖，才可能「舉軍必勝」。這裡，孫子還根據以往的經驗，提出了「兵非貴益多」，舉兵應「謹復索之」，不可冒進等觀點。

另外，本篇還講到了將領「任人」、「取人」的問題。在治軍上，孫子提倡「令之以文，齊之以武」，即「文武」兼備，刑賞並重的原則。而且，文與武、恩情與嚴威應當結合，缺一不可。蘇東坡曾說：「威與信並行，德與法相濟。」就是指這個道理。

這種用人的觀念在當時已難能可貴，現今還有許多管理思想都是由它發展出來。

察微知著，胸有成竹

原文

眾樹動者，來也；眾草多障者，疑也；鳥起者，伏也；獸駭者，覆也。塵高而銳者，車來也……

點評

古人說：「用師之本，在知敵情……未知敵情，則軍不可舉。」孫子在總結了前人的經驗之後，詳細介紹了三十二種直接觀察、判斷敵情的方法，被後人稱為「相敵三十二法」。

相敵三十二法，原則上可分為兩類：一、依據自然景象的特徵和變化觀察、判斷敵情。如：「群鳥突然飛起，示下面有伏兵。」（「鳥起者，伏也。」）「走獸到處亂跑，示敵人大舉來襲。」（「獸駭者，覆也。」）二、依據敵人的行動觀察、判斷敵情。如：「敵軍離我很遠而又來挑戰，是企圖誘我前進。」（遠而挑戰者，欲人之進也。」）「敵軍急速奔走並擺開兵車列陣，是期待與我決戰。」（「奔走而陳兵者，期也。」）

孫子所處的時代距今已兩千多年，他能透過一些微不足道的徵候，通過邏輯推理，察微知著，看到事物的本質，實在高明至極！

典故名篇

❖ 善察敵情，取勝有望

公元前五七五年4月，晉厲公聯合齊、宋、魯、衛四國攻打鄭國。楚國是鄭國的盟友，立即出兵支援。雙方的軍隊在鄢陵（今河南鄢陵西北）相遇。

當時，楚鄭聯軍共有兵車五百三十乘，將士九萬三千人；晉軍先期到達鄢陵，有兵車五百乘，將士五萬餘人，而宋、齊、魯、衛的軍隊還沒有到達。楚共王見諸侯各軍未到，就想乘機擊潰晉軍，因此命令大軍在晉軍大營附近列陣。

晉厲公率眾將登上高地，觀察楚軍列陣的情況，並研究決戰計畫。晉將大多懼於楚鄭聯軍的兵力優勢，主張堅守不戰，以待友軍來到。晉軍中軍主將郤至在仔細觀察敵陣之後、發現楚鄭聯軍士氣不佳，發表了主戰的意見。

郤至說：「根據我的觀察和掌握的情報來看，楚鄭聯軍有六個致命的弱點，我軍立即出擊，定能獲勝。第一，楚軍人數不少，但老兵多，這些老兵行動遲緩，根本沒有什麼戰鬥力；第二，鄭國的軍隊一團糟，到現在還沒有列成像樣的陣勢，這說明他們缺乏訓練，不堪一擊；第三，兩軍都在喧鬧不止，沒有一點臨戰的緊張氣氛；第四，據我所知，不但楚、鄭兩軍協調不好，就是楚軍內部，中軍和左軍也在鬧意見……」

這話說得有理有據，晉厲公和眾將都表示贊同。厲公於是立即下令進攻。

將軍苗賁皇原是楚國人，對楚軍很熟悉，乘機獻計道：「楚軍的精銳在中軍。只要能打敗他的左、右兩軍，再合力攻打中軍，楚軍必敗。」

厲公接受了他的建議，命令晉軍首先向楚右軍和鄭軍發起猛烈攻擊。戰鬥開始，厲公的戰車忽然陷入泥沼，進退不得。楚共王遠遠地看在眼裡，親自率領一支人馬殺奔而來，企圖活捉厲公。

不料，「螳螂撲蟬，黃雀在後」，晉將魏錡早已發現楚共王的企圖，一箭射去，正中共王的左眼。共王拔箭，連眼珠都帶了出來。

楚軍見共王負傷，軍心浮動。這時候，晉厲公的戰車從泥沼中掙脫，指揮晉軍掩殺過來。楚軍以為諸侯四國的軍隊已經趕到，陣勢大亂，紛紛後撤，一直退到潁水（今河南許昌西南）南岸方才停止，且於當天晚上就班師回國了。

晉軍以少勝多，論功行賞，郤至立下首功。晉厲公獎賞全軍將士之後，在鄢陵連飲三天，然後凱旋而歸。

❖「我是最會賺錢的人！」

藤田田是日本麥當勞商社社長，擁有全日本麥當勞餐廳的管理、經營權。在幾十年的商業生涯中，他如痴如醉地觀察、研究世界各地和日本的猶太人的經營特點，總結出一整套猶太人的賺錢要訣。

他學以致用，把猶太人的賺錢要訣應用到自己的商務活動中，洞察先機，認為快餐業的崛起將會氣勢如虹，傳統的餐飲業一定會向快餐業豎起白旗。於是，他決定做美國麥當勞在日本的代理，經營麥當勞的業務。

藤田田是基於這樣的考慮：一九八五年，日本國民的生活節奏將發生重大的變動，因為這一年「新幹線」開工，往返東京和大阪的時間只需要一小時。同時，根據一項統計資料顯示，日本的稻米消費量每年平均減少2%。他由此預測，30年後，日本人的稻米消費量很可能比現在少40%以上。在他的構想中，20年後，日本人食米的民族形象必然被吃漢堡的民族形象所取代。當然，吃漢堡的新一代不可能穿著和服，跪坐在塌塌米上用餐。

一九七一年7月20日，日本第一家麥當勞漢堡店在東京銀座開張。當時的大眾傳播媒體一致認為，銀座並不適合賣漢堡，因為傳統的壽司在日本人的心目中所佔的地位非比尋常，而且多年來穩居快餐業之王的寶座，豈會輕易被挫敗？

藤田田卻力排眾議，堅持自己的眼光絕不會錯，並大膽指出，10年後，麥當勞漢堡店的營業額將高居日本餐飲界的首位。他還誇張地預測，到了二〇〇〇年，銀座說不定只剩下一家賣傳統日本食物的「壽司店」，而其它飲食店都改成漢堡店了。

那時候相信他的人，只是他旗下的職員而已。

一般人都批評他吹牛、神經病、騙子……甚至有人認為，他的麥當勞漢堡店不但不能經營10個年頭，說不定還撐不過3個星期。

結果，時間證明藤田田並沒有誇大其詞——他所領導的日本麥當勞商社以雷霆萬鈞之勢，建立了一天1億日元的銷售奇蹟，迫使招架不住的日本快餐業不得不進行全面性的改革。

由於經營的成功，藤田田大膽宣稱：「我是最會賺錢的人。」

隨時留意賺錢的契機，多動腦筋，才能在競爭激烈的社會中立於不敗之地。藤田田正是準確掌握了世界餐飲業向高速度、快節奏發展的潮流而獲勝。

❖「尿布大王」的訣竅

舉世聞名的「尿布大王」多州博，是日本尼西奇公司的社長。

尼西奇公司原來並不經營「尿布」，雖經多方努力，但生意平平並沒有起色。一天，多州博閒著沒事，信手拿起一份報紙閱看——上面刊載的是一份日本人口普查報告，報告中說：日本每年大約有50萬嬰兒出生。

「50萬……天啊！這麼多？」多州博嚇了一跳，因為他從未思考過這個問題，「不過，這可是一個好市場……也許，還是一個難得的機遇！」

多州博不愧是一個天才商人，他的頭腦如同一台高效能的電子計算機，立即飛速地運轉起來。

「嬰兒，嬰兒……」他滿腦子全是與嬰兒有關的事物：「嬰兒需要牛奶，需要糖，嬰兒需要精巧、舒適的衣服，嬰兒需要奶瓶、奶嘴，需要小手推車……」

多州博想了一個又一個，一個又一個地被他推翻：什麼牛奶、糖、衣服、奶瓶、奶嘴、小手推車……這些傳統的嬰兒用品早就有人生產、經營了，跟在人家屁股後面跑，要超過人家，談何容易！

「應該找一個別人沒有生產的東西來經營……」他自言自語道：「對！只有開發別人沒有生產過的東西才能獨領風騷！」

多州博想到了「尿布」。

「尿布！哪個嬰兒離得開尿布？」他興奮起來：「如果每個嬰兒使用兩條尿布——這是最保守的數字了，一年就是五百萬條！使用四條，那就是一千萬條！然後把市場擴展到國外去……」

說幹就幹。他立即集中人力、財力，進行製作尿布的研究與產品的開發，並把尼西奇轉化為尿布專業公司。果然尼西奇的「尿布」上市後，大受歡迎。

他沒有止步，組織了一批精幹的技術人員，不斷地研製新型材料，開發新品種，創立名牌，令一個又一個「後來者」望塵莫及。

多州博終於博得了「世界尿布大王」的美稱。

恩威並用，剛柔相濟

原文

故令之以文，齊之以武，是謂必取。

點評

在如何治軍這一問題上，孫子強調文武兼施、刑賞並重。

「文」的手段，在用政治、道義教育士卒的同時，還要愛護和獎賞他們，即：「視卒若愛子。」（**《地形篇》**）但孫文還告誡：「如果士卒對將帥已經親近依附，卻不能執行軍紀、軍法，這樣的軍隊也不能打仗。」言下之意是：對士卒不能放縱。

「武」的手段，以軍紀、軍法約束士卒，使士卒畏服。但孫子又指出：將帥在士卒親近歸附之前，就貿然施以處罰，士卒必不會順服，這樣的軍隊也不能用來打仗。言下之意是：使用「武」的手段，要掌握分寸。

孫子文武兼治、刑賞並重的治軍原則就是因應這些情況而制定出來。不過，無論是「文」是「武」，或者「文武」結合，目的只有一個：讓士卒去拼命作戰。

在我國古代，孫子、吳起、司馬穰苴、韓信……都是治軍的能手。孫子在為吳王操練女兵時，三令五申，吳王的兩個寵妃卻帶頭哄笑，他當即下令斬殺。此後、眾女兵肅然，沒過多久就把女兵訓練好了。這是以「武」治軍。吳起與士卒同吃、同住、同行軍，士卒都樂意為他效死力。這是以「文」治軍。後唐主李從珂驕縱士卒，導致令不行、禁不止，國破家亡。這是因不懂「文武」兼治之妙處。

典故名篇

❖治軍必嚴，違者必究

五代十國時期，後漢爆發了李守貞、趙思綰、王景崇沆瀣一氣的「三鎮之亂」，朝廷派大將郭威統兵征伐。郭威出征前，向老太師馮道請教治軍之策。馮道答稱：「李守貞是老將，所依靠的是士卒歸心。如果你能重賞將士，定能打敗他。」郭威連連點。

郭威率兵進抵李守貞盤據的河中城（今山西永濟縣蒲州鎮）外，斷絕了城內與外界的聯繫，圖以長期圍困的方法，逼迫李守貞投降。

遵照馮道的教誨，郭威對部下有功即賞，將士受傷患病，即去探望，犯了錯，也不加懲罰，時間長了，果然贏得了軍心，卻滋長了姑息養奸之風。

李守貞陷入重圍，幾次想向西突圍，與趙思綰取得聯繫，都被郭威擊退，幾乎一籌莫展。一天，他忽然聽到手下將士在議論郭威治軍的事，眉頭一皺，想出一條計來：他讓一批精明的將士扮作貧民百姓，潛出河中城，在郭威駐軍營地附近開設了數家酒店。這些酒店不僅價格低廉，甚至可以賒欠。郭威的士卒三五成群地入店喝酒，經常喝得酩酊大醉，將領們卻不加約束。

見妙計奏效，李守貞悄悄地遣部將王繼勛率千餘精兵乘夜色潛入河西後漢軍大營，發起突襲。後漢軍毫無戒備，巡邏的騎兵都喝得不省人事，王繼勛一度得手。

郭威從夢中驚醒，急忙遣將增援。但將士們你看我，我看你，竟畏縮不前。危急中，裨將李韜捨命衝出，眾將士才發出一聲吶喊，鼓足勇氣，跟了上去。王繼勛兵力太少，功虧一簣，退回河中城。

這次突襲為郭威敲響了警鐘，使他痛感軍紀鬆弛的危險，於是他馬上下令：「如果不是犒賞宴飲，所有將士不得私自飲酒，違者軍法論處。」

誰知，軍令剛剛頒布，第二天清早，郭威的愛將李審就違令飲酒。郭威又氣又恨，思索再三，還是令人將李審推出營門，斬首示眾，以正軍法。

眾將士見郭威斬殺了愛將李審，知道郭威是玩真的，放縱之心才有所收斂。不久，郭威向河中城發起攻擊，一舉平定了李守貞。其後又鎮服了趙思綰和王景崇。至此，「三鎮之亂」結束。

❖ 梅考克嚴格管理

美國國際農機公司創始人，世界第一部收割機的發明者西洛斯‧梅考克，人稱企業界全才。他幾十年的企業生涯，歷經起落滄桑，沒有幾條道路堪稱平坦。但是，他以他那全才的素質，贏得了市場競爭的屢屢成功。

身為公司的大老闆，梅考克雖然掌握著公司的所有大權，有權左右員工的命運，但他從不濫用職權。他能經常為員工設身處地地著想，在實際工作中，既堅持制度的嚴肅性，又不傷員工的感情。

一次，一個老員工違反了工作制度，酗酒鬧事，遲到早退。按照公司管理制度的有關條款，這員工應當受到開除的處分。管理人員做出了這一決定，梅考克表示贊同。

決定一公布，這老員工立刻火冒三丈，委屈地數落起來：「當年公司債務累累，我與你患難與共，三個月不拿工資也毫無怨言。而今犯了這點錯誤，就把我開除，真是一點情分也不講！」

聽完老員工的敘述，梅考克平靜地說：「你知不知道這是公司，有規矩的地方……這不是你我兩個人的私事，我只能按規定辦事，一點也不能例外。」

事實上，這個老員工是因妻子去世，留下兩個孩子，一個跌斷了一條腿，一個因吃不到媽媽的奶水而啼號，在極度痛苦中借酒消愁，結果誤了上班。

聽完老員工的陳述，梅考克為之震驚，立即安慰他：「你真糊塗！現在你什麼都不要想，趕緊回家料理你老婆的後事，照顧孩子。你不是把我當成朋友嗎？你放寬心，我不會讓你走上絕路的。」說著，從包裡掏出一把鈔票，塞到老員工手裡。

老員工被老闆的慷慨解囊感動得流下熱淚，哽咽著說：「想不到你會對我這麼好！」

梅考克卻認為，比起當年風雨同舟時員工對自己的幫助，這事兒簡直不值一提。他囑咐老員工：「你儘管安心回去吧，不必擔心自己的工作！」

老員工卻說：「不！我不希望你為我壞了規矩。」

梅考克說：「對！這才是我的好朋友。不過，這件事我會做適當的安排，你別操心！」

事後，梅考克安排這老員工到他的一個牧場當了管家。老員工又能工作又可顧家，感激之餘他幹得相當有聲有色。

消息傳開，公司上下員工深為梅考克的寬容和嚴格所感動。他們非但沒有對梅考克敬而遠之，反而更主動地努力工作，為國際農機商用公司的強盛做出自己的貢獻。

地形篇

原文

孫子曰：地形有通者①，有掛者②，有支者③，有隘者④，有險者⑤，有遠者⑥。我可以往，彼可以來，曰通。通形者，先居高陽⑦，利糧道⑧，以戰則利⑨。可以往，難以返，曰掛。掛形者，敵無備，出而勝之；敵若有備，出而不勝，難以返，不利⑩。我出而不利，彼出而不利⑪，曰支。支形者，敵雖利我⑫，我無出也；引而去之⑬，令敵半出而擊之⑭，利。隘形者，我先居之，必盈之以待敵⑮；若敵先居之，盈而勿從，不盈而從之⑯。險形者，我先居之，必居高陽以待敵⑰；若敵先居之，引而去之，勿從也。遠形者⑱，勢均⑲，難以挑戰⑳，戰而不利。凡此六者，地之道也㉑；將之至任㉒，不可不察也。

故兵有走者㉓，有弛者，有陷者，有崩者，有亂者，有北者。凡此六者，非天之災，將之過也。夫勢均，以一擊十，曰走㉔。卒強吏弱，曰弛㉕；吏強卒弱，曰陷㉖；大吏怒而不服㉗，遇敵懟而自戰㉘，將不知其能，曰崩㉙；將弱不嚴㉚，教道不明㉛，吏卒無常㉜，陳兵縱橫㉝，曰亂；將不能料敵㉞，以少合㉟眾，以弱擊強，兵無選鋒㊱，曰北。凡此六者，敗之道也；將之至任，不可不察也。

夫地形者，兵之助也㊲。料敵制勝，計險厄、遠近㊳，上將㊴之道也。知此而用戰者必勝㊵，不知此而用戰者必敗。故戰道必勝㊶，主曰無戰，必戰可也㊷；戰道不勝，主曰必戰，無戰可也㊸。故進不求名，退不避罪，唯人是保㊹，而利合於主㊺，國之寶也㊻。

視㊼卒如嬰兒，故可與之赴深谿㊽；視卒如愛子，故可與之俱死。厚而不能使，愛而不能令㊾，亂而不能治㊿，譬若驕子，不可用也㊿①。

知吾卒之可以擊，而不知敵之不可擊，勝之半也㊿②；知敵之可擊，而不知吾卒之不可以擊，勝之半也㊿③；知敵之可擊，知吾卒之可以擊，而不知地形之不可以戰，勝之半也。故知兵者㊿④，動而不迷㊿⑤，舉而不窮㊿⑥。故曰：知彼知己，勝乃不殆；知天知地，勝乃不窮㊿⑦。

注釋

①地形有通者：地形，地理形狀、山川形勢。通，通達；指廣闊平坦，四通八達的地區。

②掛者：懸掛、牽礙。此處指前平後險，易入難出的地區。

③支者：支撐、支持。指敵對雙方皆可據險對峙，不易發動進攻的地區。

④隘者：狹窄、險要之地。這裡特指兩山之間的狹谷地帶。

⑤險者：險，險惡、險要；指行動不便的險峻地帶。

⑥遠者：指距離遙遠之地。

⑦先居高陽：意為搶先佔據地勢高且向陽之處，以爭取主動。

⑧利糧道：指保持糧道暢通。利，此處作動詞用。

⑨以戰則利：以，為也。此句承上「先居高陽，利糧道」而言，意為在平原地區，若能先敵抵達，佔據高陽地帶，並保持糧道暢通，如此進行戰鬥則大為有利。

⑩掛形者……難以返，不利：在「掛」形地帶，敵方如無防備，可以主動出擊，奪取勝利；如果敵人已有戒備，出擊不能取勝，軍隊歸返就會很困難，實屬不利。

⑪彼出而不利：敵人出擊，也同樣不利。

⑫敵雖利我：敵雖以利誘我。利，利誘。

⑬引而去之：引，帶領。去，離開、離去。引而去之，即率領部隊偽裝退去。

⑭令敵半出而擊之：令，使。句意為：在敵人出兵追擊，前進一半時，再回師反擊。

⑮必盈之以待敵：一定要動用充足的兵力堵塞隘口，對付來犯的敵軍。盈，滿、充足的意思。

⑯盈而勿從，不盈而從之：從，順隨；意為順隨敵意去進攻。在「隘」形之地，敵若先我佔據，並已用重兵堵塞隘口，我方就不可順隨敵意去攻打；如故方還未用重兵扼守隘口，我軍就應全力進攻，去爭取險阻之利。

⑰險形者，我先居之，必居高陽以待敵：在險阻之地，我軍應當搶先佔據地高向陽的要害之處以待敵軍，爭取主動。

⑱遠形者：這裡特指敵我營壘距離甚遠。

⑲勢均：一說「兵勢」相均；一說「地勢」相均。後一說更合本篇之情理。

⑳難以挑戰：指因地遠勢均，不宜挑引敵人出戰。

㉑地之道也：道，原則、規律。即上述六者是將帥指揮作戰，利用地形的基本原則。

㉒將之至任：指將帥所應擔負的重責大任。至，最、極的意思。

㉓兵有走者：兵，指敗軍。走，與以下「馳、陷、崩、亂、北」共為「六敗」之稱。

㉔走：跑、奔；這裡指軍隊敗逃。

㉕弛：渙散、鬆懈的意思；這裡指將吏軟弱無能，隊伍渙散難制。

㉖陷：陷沒；此言將吏雖勇而強，但士卒沒有戰鬥力，將吏不得不孤身奮戰，力不能支，最終陷於敗沒。

㉗大吏怒而不服：大吏，指小將。句意為：偏裨將佐恚怒，不肯服從主將的命令。

㉘遇敵懟而自戰：「大吏」遇敵，心懷怨憤，擅自出陣。懟，怨恨、心懷不滿。

㉙崩：土崩瓦解；比喻潰敗。

㉚將弱不嚴：指將帥懦弱無能，毫無威嚴以服下。

㉛教道不明：指治軍缺乏法度，軍隊管理不善。

㉜吏卒無常：無常，指沒有法紀、常規。軍中上下關係處於失常狀態。

㉝陳兵縱橫：指布兵列陣，雜亂無章。陳，同「陣」字。

㉞料敵：指分析（研究）敵情。

㉟合：指兩軍交戰。

㊱選鋒：由精選而組成的先鋒部隊。

㊲地形者，兵之助也：地形的利用，是用兵作戰的重要輔助條件。助，輔助、輔佐。

㊳計險厄、遠近：指考察地形的險要，計算道路的遠近。

㊴上將：賢能、高明之將。

㊵知此而用戰者必勝：知此，懂得上述之道理。用戰，指揮作戰。

㊶戰道必勝：戰道，作戰具備的各種條件；引申為戰爭的一般規律。戰道必勝，指根據戰爭規律分析，具備了必勝的把握。

㊷必戰可也：可自行決斷與敵開戰，毋需聽從君命。

㊸無戰可也：根據戰爭規律，沒有必勝的把握，則可拒絕君命，不出戰。

㊹唯人是保：人，百姓、民眾。保，保全。此句謂：進退處置，只求保全民眾。

㊺利合於主：指符合國君的利益。

㊻國之寶也：即國家的寶貴財富。

㊼視：看待、對待的意思。

㊽深谿：谿，同「溪」，山澗、河溝。深谿，極深的溪澗，喻危險地帶。

㊾厚而不能使，愛而不能令：只知厚待而不能使用，只知溺愛而不重教育。厚，厚養、厚待。令，教育。

㊿亂而不能治：指士卒行為乖張而不能約束、懲治。治，治理；這裡有懲處之意。

51譬若驕子，不可用也：為將者僅施「仁愛」而不濟以威嚴，只會使士卒成為驕子而不堪用。

52勝之半也：勝利或失敗的可能性各佔一半。指沒有必勝的把握。

53不知地形之不可以戰，勝之半也：不知道地形不適宜作戰，得不到地形之助，則能否取勝，同樣也無把握。

54知兵者：通曉用兵之道的人。

55動而不迷：迷，迷惑、困惑。

56舉而不窮：舉，行動。窮，困窘、困厄。句意為：行動自如，不為所困。

57勝乃不窮：指勝利沒有窮盡。

譯文

孫子說：地形有「通」、「掛」、「支」、「隘」、「險」、「遠」等六種。

凡是我們可以去，敵人也可以來的地域，叫作「通」。在「通」形地域，應搶先佔領開闊向陽的高地，保持糧草供應的暢通。這樣對敵，作戰就有利。凡是可以前進，難以返回的地域，稱作「掛」。在「掛」形地域，假如敵人沒有防備，我們可以突然出擊，戰勝他們；倘若敵人已有防備，我們出擊就不能取勝，而且難以回師，這就不利了。凡是我軍出擊不利，敵人出擊也不利的地域，叫作「支」。在「支」形地域，敵人雖然以利相誘，我們也不可出擊，而應該率軍假裝退卻，誘使敵人出擊一半時再回師反擊，這樣就有利。在「隘」形地域，我們應該先敵佔領，並用重兵封鎖隘口，以等待敵人進犯。如果敵人已先佔據了隘口，並用重兵把守，我們就不要去攻擊；如果敵人沒有用重兵據守隘口，那就可以進攻。在「險」形地域，如果我軍先敵佔領，就必須控制開闊向陽的高地，以待敵人來犯；如果敵人先我佔領，就應該率軍撤離，不要去攻打它。在「遠」形地域，敵我雙方勢均力敵，就不宜去挑戰；勉強求戰，很不利。

以上六點，是利用地形的原則；這是將帥的重責大任之所在，不可不認真考察、研究。

軍隊打敗仗，有「走」、「弛」、「陷」、「崩」、「亂」、

「北」六種情況。

這六種情況的發生，不是由於天然的災害，而是將帥自身的過錯。在勢均力敵的情況下，以一擊十而導致失敗，叫作「走」，士卒強悍，將吏懦弱而敗北，叫作「弛」，將帥強悍，士卒懦弱而潰敗，叫作「陷」。偏將怨憤，不服從指揮，遇到敵人，憤然擅自出戰，主將又不了解他們的能力，因而失敗，叫作「崩」。將帥懦弱，缺乏威嚴，訓練沒有章法，官兵關係混亂、緊張，列兵布陣雜亂無章，因此而致敗，叫作「亂」。將帥不能正確地判斷敵情，以少擊眾，以弱擊強，作戰又沒有精銳的先鋒部隊，因而敗北，叫作「北」。

以上六種情況，均是導致失敗的原因；這是將帥的重大責任之所在，不可不認真考察、研究。

地形是用兵打仗的輔助條件。正確地判斷敵情，積極地掌握主動，考察地形之險惡，計算道路之遠近，這些都是賢能的將領必須掌握的方法。懂得這些道理並去指揮作戰，必能勝利；不了解這些道理而去指揮作戰，必定失敗。

所以，根據戰爭規律進行分析，沒有必勝的把握，即使國君主張不打，堅持去打也可以；根據戰爭規律進行分析，沒有必勝的把握，即使國君主張一定要打，不打也可以。進不謀求戰勝的名聲，退不迴避違命的罪責，只求保全百姓，符合國君的利益，這樣的將帥，是國家的寶貴財富。

對待士卒就像對待嬰兒一樣，士卒就可以同他共患難；對待士卒就像對待愛子一樣，士卒就可以跟他同生共死。厚待士卒而不能使用，溺愛而無力教育，違法而不能懲治，，那就如同嬌慣的子女一樣，不可以用來與敵作戰。

只了解自己的部隊可以打，而不了解敵人不能去打，取勝的可能只有一半；只了解敵人可以打，而不了解自己的部隊不宜去打，取勝的可能只有一半；既知道敵人可以打，也知道自己的部隊能夠打，但不了解地形不利於作戰，取勝的可能性仍然只有一半。

所以，懂得用兵的人，他行動起來不會迷惑，作戰措施變化無窮，而不致困窘。所以說，了解對手，了解自己，爭取勝利，就不會帶來危險；懂得天時、地利，勝利就可以永無窮盡。

講解

本篇名為「地形篇」，但這裡的「地形」並不是單純的地理形勢，而有地理學或軍事地理學的含義。孫子論述了地形與戰爭的關係，明確提出了：「地形者，兵之助也。」

第一段，孫子論述了六種軍事地形的特點：「通、掛、支、隘、險、遠」。這是從作戰角度加以定義。這六種地形中，如何佔據有利之所，或是由無利轉化為有利，打擊敵人，是本段的重點。

但地形不是戰爭勝負的決定性因素。事實上，人的因素才是最關鍵的。軍隊戰鬥力的發揮，還應避免「六種」失敗的情況，那就是

「走、弛、陷、崩、亂、北」。「地形」是兵家輔助的工具，對於戰爭的勝負有著重要的影響，必須加以重視，但最根本、起決定作用的還是部隊本身。指揮戰爭的人應牢記這其中的主次。

孫子說：依此道而戰必勝，即使君令不戰，將領也應該遵循「利合於主」、「惟民是保」的原則，進行戰鬥。這與「九變篇」中的「君命有所不受」相呼應。

「視卒如嬰兒」，是處理將與兵之關係的原則。孫子說，只有視士卒如嬰兒，如愛子般關心他們，才可能使兵與將共赴生死。但不能嬌慣他們，一味縱容，因為被溺愛的孩子「不能使」、「不能令」，成不了大器。

巧借地形，所向無敵

原文

夫地形者，兵之助也。

點評

地形是用兵的輔助條件。之所以說是「輔助」條件，是因為運用得好，它可以使軍隊如虎添翼；運用得不好的話，它就是兵潰戰敗的陷阱。

孫子指出，地形可分六種：地勢平坦，四通八達（通）；地形複雜，易進難退（掛）；敵我出擊都不利的地區（支）；道路狹隘（隘）；地形險要（險）；敵我相距很遠（遠）。這六種迥然不同的地形，對戰局有著舉足輕重的影響。做將帥的只有在戰前實地考察，對戰局了然於胸，才能駕馭複雜的地形，出奇制勝。

戰國時期，孫臏與龐涓鬥智鬥勇。孫臏技高一籌，處處主動，迫使龐涓疲於奔命。孫臏以「圍魏救趙」和「減灶誘敵」之計，引誘龐涓進入「隘地」——馬陵。龐涓兵敗自殺，魏軍從此一蹶不振。春秋時期，秦穆公不顧老臣蹇叔和百里奚的再三勸告，不遠千里，遠襲晉國東面的鄭國，進入沒有退路的「死地」——殽山，被早已埋伏在那裡的晉軍全殲。可見，地形是死的，全在於戰爭的指揮者如何靈活利用它。

孫龐的「馬陵之戰」和晉秦殽山之戰都告訴我們：戰爭的指揮者除了戰前了解地形之外，還必須準確預測戰況的進程，然後創造條件，使戰局按照自己的預想目標發展，才能發揮地形的優勢（或劣勢），戰勝敵人。

典故名篇

❖ 輕信讒言，險境敗軍

春秋時期，秦穆公不顧上大夫蹇叔和老臣百里奚的再三勸告，不遠千里，去進攻晉國東面的鄭國。這次東征，穆公派百里奚的兒子孟明視、蹇叔的兒子西乞術和白乙丙三人為將。出發前，蹇叔哭別兒子：「我看著你們出發，再也看不到你們回來了！這次遠征，晉兵一定在殽山截殺你們。殽山有兩座，南邊的山是夏帝皋的墳墓，北邊的山是周文王避風雨的地方。你們一定死在這中間，我就到那裡收你們的屍骨吧！」

孟明視率秦軍進入滑國地界，向鄭國疾進，忽然有人攔住去路，說他是鄭國派來的使者，要見秦軍主將。孟明視聽了大驚失色，連忙接見。

「使者」說：「我叫弦高。我們國君聽說三位將軍要來鄭國，特派我送上四張熟牛皮和十二頭肥牛犒賞貴軍將士。」說罷獻上熟牛皮和肥牛。

孟明視原來打算去偷襲鄭國，現在一聽說鄭國已知道他們來襲的消息，只好收下牛皮和肥牛，敷衍了弦高幾句，滅掉滑國之後，隨即班師。

其實，弦高不過是個牛販子，他在滑國發現秦軍的企圖純屬偶然。他在用計騙得孟明視相信之後，隨即連夜派人回鄭國報告消息。

晉國得知秦軍遠襲鄭國的消息，十分憤怒。如今見秦軍無功而退，不願錯過消滅秦軍生力軍的機會，在東殽山、西殽山之間設下埋伏，專等秦軍進入「口袋」。

公元六二七年4月13日，疲憊不堪的秦軍從滑國返歸本國，抵達殽山。殽山地形險惡，山路崎嶇、狹窄；特別是東、西殽山之間，人走都很吃力，車馬行進更是難上加難。西乞術望著險峻的山嶺，不安地對孟明視說：「臨出發時，父親再三警告我，過殽山要小心，說晉人肯定會在這裡設下埋伏，消滅我們。我們的隊伍拉得太長，再不收攏些，就很危險了！」孟明視嘆道：「我何嘗不想這樣做？只是道路太窄，做不到啊！」

孟明視率領部隊小心地進入山谷。突然，金鼓齊鳴，一支強悍的異族部隊率先殺出——原來，這是晉國南部羌戎的兵馬。羌戎是晉國的附庸，一直聽從晉國的調遣。隨後，在晉襄公親自指揮下，晉軍大將先軫率晉軍一湧而出，以排山倒海之勢，將秦軍分割、包圍、消滅，孟明視、白乙丙、西乞術三人都成了晉軍的俘虜。

❖「關大膽」創辦民營度假村

「關大膽」何語人也？

「關大膽」本名關柏源，是一位著名的民營企業家。其人身材不高，相貌平凡，緣何得此大名？詢問有關的業內人士，得知乃因他創辦源章大酒店、星級保健中心和源章度假山莊之事，使他成為名不虛傳的「關大膽」。

一九九一年春，「關大膽」又做了一件一般人從未想過的大膽事：投資數千萬元，興建面積達數百畝，全國最大的民營度假村。這度假村位於廣深公路與增城交界處，地理位置優越，離廣州天河只有28公里，距廣深公路僅3公里。附近有太平洋工業區、總統花園、商品樓，發展前景可觀。經過5年努力，已建成一座集飲食、娛樂、旅遊、保健、度假為一體的多功能聯網服務度假村。一九九七年，正式向社會開放。

這一成功的舉措，得益於關柏源眼力非凡。一九九一年初，源章企業與某果場聯合買了一塊地，初衷是興建「南粵經濟動物發展基地」。面對當時只有羊腸小道又雜草叢生的荒山野嶺，關柏源不斷開拓思路。他預見到這是一塊寶地。

這裡交通便利，有山有水，環境幽雅，空氣清新，還有一股長流不息的山泉。當地村民世代飲用這水源，健康長壽。山上如果種上葡萄、荔枝、芒果、金橘、橙樹，綠葉繁茂，果樹婆娑，必能使這兒成為名副其實的花果山、桃花源……

這兒還有一個面積達38畝的大湖，碧波蕩漾，湖光粼粼，水天一色，漁歌互答。若在上面修幾間別致的涼亭，建幾條彎彎曲曲的小橋，盪小船於湖上，談心娛樂於亭中，那該是何等愜意呀！

「關大膽」慧眼識寶地，看上這兒優越的地理位置，豐富的自然資源。他知道廣州近年來發展迅速，客商雲集，在鋼筋、水泥、摩天大樓待煩了的有錢人渴盼一個山清水秀、幽雅別致的休養地。5年間，關柏源把主要精力放在策劃、設計這個度假村上。目前，佔地四百平方米，建築面積一千二百平方米，高三層的娛樂城夜總會酒店已投入經營。那西式造型、白色外牆、精美的雕塑，是關柏源受白宮外觀啟發，親自設計的。

坐落於半山腰，佔地面積六百二十平方米，建築面積二千五百六十平方米，高5層的旅業大樓，漂亮雄偉。首層為6球道保齡球，2～4

層為旅業客房，5層為總統套房。此外，礦泉桑拿（三溫暖）保健大廳、會議中心、保齡球俱樂部及燒烤樂園、網球場、游泳池、釣魚台、遊艇中心也大受遊客歡迎。尤其是得天獨厚的礦泉浴，周到熱情的服務，使熟客流連忘返。

有人賞識關柏源巧借地利的發展策略，為他寫了一副儼若游龍戲鳳的對聯：「源寬無邊橫四海，章法有度直九天」。

九地篇

原文

孫子曰：用兵之法，有散地，有輕地，有爭地，有交地，有衢地，有重地，有圮地，有圍地，有死地。諸侯自戰其地，為散地①。入人之地而不深者，為輕地②。我得則利，彼得亦利者，為爭地③。我可以往，彼可以來者，為交地④。諸侯之地三屬⑤，先至而得天下之眾者，為衢地⑥。入人之地深，背城邑多者，為重地⑦。行山林、險阻、沮澤，凡難行之道者，為圮地⑧。所由入者隘，所從歸者迂，彼寡可以擊吾之眾者，為圍地⑨。疾戰則存，不疾戰則亡者，為死地⑩。是故散地則無戰⑪，輕地則無止⑫，爭地則無攻⑬，交地則無絕⑭，衢地則合交⑮，重地則掠⑯，圮地則行⑰，圍地則謀，死地則戰⑱。

所謂古之善用兵者，能使敵人前後不相及⑲，眾寡不相恃⑳，貴賤不相救㉑，上下不相收㉒，卒離而不集㉓，兵合而不齊㉔。合於利而動，不合於利而止㉕。敢問：敵眾整㉖而將來，待之若何？曰：先奪其所愛，則聽矣㉗。兵之情主速㉘，乘人之不及，由不虞之道㉙，攻其所不戒也。

凡為客之道㉚，深入則專㉛，主人不克㉜；掠於饒野㉝，三軍足食；謹養而勿勞㉞，并氣積力㉟，運兵計謀，為不可測㊱。投之無所往，死且不北㊲。死焉不得㊳，士人盡力。兵士甚陷則不懼㊴，無所往則固㊵，深入則拘㊶，不得已則鬥㊷。是故其兵不修而戒㊸，不求而得，不約而親㊹，不令而信㊺。禁祥去疑㊻，至死無所之㊼。吾士無餘財，非惡貨也；無餘命，非惡壽也㊽。令發之日，士卒坐者涕沾襟㊾，偃者涕交頤㊿。投之無所往者，諸、劌之勇也51。

故善用兵者，譬如率然52。率然者，常山53之蛇也，擊其首則尾至，擊其尾則首至，擊其中則首尾俱至。敢問：「兵可使如率然乎？」曰：「可。」夫吳人與越人相惡也，當其同舟而濟，遇風，其相救也如左右手。是故方馬埋輪，未足恃也54；齊勇若一，政之道也55；剛柔皆得，地之理也56。故善用兵者，攜手若使一人，不得已也。

將軍之事57，靜以幽58，正以治59。能愚士卒之耳目，使之無知60。易其事，革其謀，使人無識61；易其居，迂其途，使人不得慮62。帥與之期，如登高而去其梯63；帥與之深入諸侯之地，而發其機64，焚舟破釜，若驅群羊，驅而往，驅而來，莫知所之。聚三軍之眾，投之於險，此謂將軍之事也65。九地之變，屈伸之利66，人情之理，不可不察。

凡為客之道，深則專，淺則散67。去國越境而師者，絕地也68；四達者，衢地也；入深者，重地也；入淺者，輕地也；背固前隘者，圍地也69；無所往者，死地也。是故散地，吾將一其志70；輕地，吾將使之屬71；爭地，吾將趨其後72；交地，吾將謹其守；衢地，吾將固其結73；重地，吾將繼其食74；圮地，吾將進其塗75；圍地，吾將塞其闕76；死地，吾將示之以不活77。故兵之情，圍則禦78，不得已則鬥，過則從⑲。

是故不知諸侯之謀者，不能預交；不知山林、險阻、沮澤之形者，不能行軍；不用鄉導者，不能得地利⑳。四五者，不知一，非霸王之兵也㉑。夫霸王之兵，伐大國，則其眾不得聚㉒；威加於敵，則其交不得合㉓。是故不爭天下之交㉔，不養天下之權㉕，信己之私㉖，威加於敵，故其城可拔，其國可隳㉗。施無法之賞㉘，懸無政之令㉙，犯三軍之眾㉚，若使一人。犯之以事，勿告以言㉛；犯之以利，勿告以害㉜。投之亡地然後存，陷之死地然後生。夫眾陷於害，然後能為勝敗㉝。故為兵之事，在於順詳敵之意㉞，并敵一向，千里殺將㉟，此謂巧能成事者也。

是故政舉之日，夷關折符，無通其使㊱；厲於廊廟之上，以誅其事。敵人開闔，必亟入之㊲。先其所愛㊳，微與之期㊴；踐墨隨敵㊵，以決戰事㊶。是故始如處女，敵人開戶㊷；後如脫兔，敵不及拒㊸。

注釋

①諸侯自戰其地，為散地：言諸侯在自己的領土上同敵人作戰，遇上危急，就容易逃散。這種地域叫作散地。

②入人之地而不深者，為輕地：進入敵地不深，官兵易於回返的地區叫「輕地」。

③爭地：我軍佔領有利、敵軍佔領也有利的地區。

④交地：指道路縱橫，地勢平坦，交通便利的地區。交，縱橫交叉。

⑤諸侯之地三屬：三，泛指眾多。屬，連接、毗鄰。三屬，多方毗連；指幾個諸侯國國土交界之處。

⑥先至而得天下之眾者，為衢地：誰先到達，就可以得到四周諸侯的援助。這樣的地方叫作「衢地」。

⑦入人之地深，背城邑多者，為重地：進入敵境已遠，隔著很多敵國城邑的地區，叫作重地。

⑧行山林、險阻、沮澤，凡難行之道者，為圮地：凡是山林、險要隘路、水網湖沼這類難行的地區，叫作「圮地」。

⑨圍地：意為道路狹隘，退路迂遠，敵人能以少擊眾的地區。

⑩疾戰則存，不疾戰則亡者，為死地：地勢險惡，只有奮勇作戰才能生存，不迅速力戰就難免覆滅的地區，叫「死地」。

⑪散地則無戰：在散地，不宜作戰。

⑫無止：止，停留、逗留。無止，即不宜停留。

⑬爭地則無攻：遇到爭地，應先行佔據。如果敵人已先期佔領，則不要去強攻爭奪。

⑭交地則無絕：絕，隔絕、斷絕。句意為：在「交地」，要做到軍隊部署上能夠互相策應，行軍序列不斷絕。

⑮衢地則合交：合交，結交。在衢地上要加強外交活動，結交盟

友，作為己援。

⑯重地則掠：掠，掠取、搶掠。在敵方之腹地，不可能從本國往復運糧，要就地解決軍隊的補給問題，故「重地則掠」。

⑰行：迅速通過。

⑱死地則戰：軍隊如進入「死地」，就必須奮勇作戰，以求死裡逃生。

⑲前後不相及：前軍、後軍不能相互策應、配合。及，策應。

⑳眾寡不相恃：眾，指大部隊。寡，指小分隊。恃，依靠。此言軍中主力部隊與小分隊不能相互依靠和協同。

㉑貴賤不相救：貴，軍官。賤，士卒。指軍官和士卒之間不能相互救助。

㉒上下不相收：收，聚集、聯繫。言軍隊建制被打亂，上下之間失去聯絡，無法聚合。

㉓卒離而不集：離，分、散。集，集結。言士卒分散，難以集中。

㉔兵合而不齊：雖能使士卒集合在一起，但無法讓軍隊整齊、統一。

㉕合於利而動，不合於利而止：意為對我方有利則戰，不利則不戰。合，符合。動，作戰。止，不戰。

㉖眾整：人數眾多且陣勢嚴整。

㉗先奪其所愛，則聽矣：愛，珍愛；引申為要害、關鍵。聽，聽

從、順從。句意為：首先攻取敵人的要害之處，敵人就不得不聽從我的擺布了。

㉘兵之情主速：情，情理。主，重在、要在。速，迅速。言用兵之理，重在迅速。

㉙由不虞之道：由，經過、通過。不虞，不曾意料到。意為走敵人預料不到的路徑。

㉚為客之道：客，客軍；指離開本國，進入敵國的軍隊。句意為：離開本國，進入敵國作戰的規律。

㉛深入則專：專，齊心、專心。此言軍隊深入敵境作戰，就會齊心協力、意志專一。

㉜主人不克：即本國軍隊無法戰勝、客軍。主，在本地作戰。克，戰勝。

㉝掠於饒野：掠取敵方富饒田野上的莊稼。

㉞謹養而勿勞：認真地搞好休整，不要使將士過於疲勞。謹，注意、注重。養，休整。

㉟并氣積力：并，合；引申為集中、保持。積，積蓄。意為保持士氣，積蓄戰鬥力。

㊱為不可測：使敵人無從判斷。測，推測、判斷。

㊲投之無所往，死且不北：將士兵置於無路可走的境地，雖死也不會敗退。投，投放、投布。

㊳死焉不得：焉，疑問代詞，何、什麼之意。此句意為：士卒死

且不懼，那還有什麼不能做到的呢？

㊴兵士甚陷則不懼：士卒深陷於危境，就不再恐懼。甚，很、非常。

㊵無所往則固：無路可走，軍心就會穩固。

㊶深入則拘：軍隊進入敵境已深，則軍心凝聚。拘，拘束、束縛；這裡指凝聚。

㊷不得已則鬥：迫不得已，就會殊死戰鬥。

㊸是故其兵不修而戒：修，修治、修明法令。戒，戒備、警戒。指士卒不待整治督促，就知道加強戒備。

㊹不約而親：指不待約束，就做到內部的親近、團結。約，約束。親，團結。

㊺不令而信：不待申令，就能做到信任、服從。信，服從、信從。

㊻禁祥去疑：禁止占卜之類的迷信，消除疑慮和謠言。祥，吉凶的預兆；這裡指占卜之類的迷信活動。

㊼至死無所之：到死也不會逃避。之，往。

㊽吾士無餘財，非惡貨也；無餘命，非惡壽也：我軍士卒沒有多餘的錢財，這並不是他們厭惡財物；沒有第二條命（去拼死作戰），也並不是他們不想長壽。餘，多餘。惡，厭惡。貨，財物。壽，長壽。

㊾士卒坐者涕沾襟：坐著的士卒熱淚沾滿衣襟。涕，眼淚。襟，

衣襟。

⑩偃臥者涕交頤：躺著的士卒淚流面頰。偃，仄倒。頰，面頰。

⑪諸、劌之勇也：像專諸、曹劌那樣英勇無畏。

⑫率然：古代傳說中的一種蛇。

⑬常山：即恒山，五岳中的北岳，位於今山西渾源南。西漢時，為避漢文帝劉恒的「恒」字之諱，改稱「常山」。

⑭方馬埋輪，未足恃也：言將馬並排繫縛，車輪埋起來，想用此穩定部隊，以示堅守的決心，是靠不住的。

⑮齊勇若一，政之道也：使士卒齊心協力，英勇殺敵，如同一人，這才是治理軍隊的方法。齊，齊心協力。政，治理、管理之意。

⑯剛柔皆得，地之理也：言使強者和弱者都能各盡其力，其要在於恰當地運用地形。

⑰將軍之事：將，用作動詞，主持、指揮之意。意為指揮軍隊打仗的事。

⑱靜以幽：靜，沉著冷靜。以，同「而」。幽，幽深莫測。

⑲正以治：謂嚴肅公正，治理得宜。正，嚴正、公正。治，治理、有條理。

⑳能愚士卒之耳目，使之無知：愚，蒙蔽、蒙騙。句意為：能夠蒙蔽士卒的視聽，使他們不能知覺。

㉑易其事，革其謀，使人無識：變更正在做的事，改變計謀，使

他人無法識破。易，變更。革，改變、變置。

㉒易其居，迂其途，使人不得慮：更換駐防的地點，行軍迂迴，使敵人無法圖謀。慮，圖謀。

㉓帥與之期，如登高而去其梯：期，約定。句意為：主帥賦予軍隊作戰任務，要斷其退路，猶如登高而去梯，使之勇往直前。

㉔帥與之深入諸侯之地，而發其機：統帥與軍隊深入敵國，就如激發弩機射出的箭一般（筆直向前而不可復回）。機，弩機之扳機。

㉕聚三軍之眾，投之於險，此謂將軍之事也：集結全軍，把他們投置到險惡的絕地，這是指揮軍隊作戰中的要事。

㉖九地之變，屈伸之利：對不同之地理條件的應變處置，使軍隊進退得宜。屈，彎曲。伸，伸展。屈伸，指部隊的前進和後退。

㉗深則專，淺則散：言作戰於敵國，深入則士卒一致，淺進則士卒渙散。

㉘去國越境而師者，絕地也：離開本國，越過邊界，進行作戰的地區，就叫絕地。此篇中對「絕地」未深究，此文是按上句「淺則散」引發而言。

㉙背固前隘者，圍地也：背後險要，前面道路狹窄，進退易受制於敵人之域，叫圍地。

㊵散地，吾將一其志：在散地作戰，要使全軍的意志統一起來。

⑪吾將使之屬：屬，連接。使之屬，使軍隊相連接。

⑫爭地，吾將趨其後：在爭地作戰，要迅速進兵，抄到敵人後面，以佔據其地。

⑬衢地，吾將固其結：遇上衢地，要鞏固與諸侯的聯盟。

⑭繼其食：繼，繼續；引申為保障、保持。繼其食，即補充軍糧，保障供給。

⑮進其塗：迅速通過。塗通「途」。

⑯塞其闕：堵塞缺口。意在迫使士兵不得不拼死作戰。

⑰示之以不活：向敵人表明死戰的決心。

⑱圍則禦：被包圍，就會奮起抵禦。

⑲過則從：過，甚、絕。指身陷絕境，士兵就會聽從指揮。

⑳「是故」至「不能得地利」句：此段話已見於前《軍爭篇》，此處重複，以示重要。另一說認為，此處係衍文。

㉑四五者，不知一，非霸王之兵也：此言九地的利害關係，有一不知，就不能成為霸王的軍隊。四五者，泛指。

㉒其眾不得聚：指敵國軍民來不及動員和集中。聚，聚集、集中。

㉓威加於敵，則其交不得合：以本國強大的實力形成壓力，施加到敵人頭上，使他在外交上無法聯合諸國。

㉔是故不爭天下之交：指沒有必要爭著和其他國家結交。

㉕不養天下之權：沒有必要在其他國家中培植自己的勢力。養，

培養、培植。

⑧⑥信己之私：信，伸展。私，指私志；引申為意圖。意為伸張自己的戰略意圖。

⑧⑦隳：毀壞、摧毀之意。

⑧⑧施無法之賞：無法，超出慣例、破格。施無法之賞，即施行超出慣例的獎賞。

⑧⑨懸無政之令：頒布打破常規的命令。無政，即無正，指不合常規。懸，懸掛；引申為頒發、頒布。

⑨⓪犯三軍之眾：犯，使用、指揮運用。句意為：指揮三軍上下行動。

⑨①犯之以事，勿告以言：犯，用。之，代詞，指士卒。事，作戰。言，意圖、實情。

⑨②犯之以利，勿告以害：使士卒作戰，只告訴他們有利的條件，而不告訴他們任務的危險性，意在堅定他們的信念。

⑨③夫眾陷於害，然後能為勝敗：只有把軍隊投置於險惡之境，才能取勝。害，害處；指惡劣的環境。勝敗，指取勝、勝利。

⑨④在於順詳敵之意：順，假借為「慎」，謹慎的意思。詳，詳細考察。句意為：用兵作戰，要審慎地考察敵人的意圖。

⑨⑤并敵一向，千里殺將：并敵一向，集中主要兵力，選定恰當的主攻方向。殺將，擒殺敵將。

⑨⑥政舉之日，夷關折符，無通其使：政，指戰爭行動。舉，實

施、決定。夷，意封鎖。折，折斷；這裡可解為廢除。符，通行證。使，使節。句意為：決定戰爭行動之時，要封鎖關口，廢除通行憑證，不同敵國的使節相往來。

⑰敵人開闔，必亟入之：敵方出現疏隙，須不失時機地施以突擊。闔，門窗；此處借喻敵方之虛隙。亟，急。

⑱先其所愛：指首先攻取敵人的關鍵、要害之處，以爭取主動。

⑲微與之期：微，不。期，約期。即不要與敵人約期交戰。

⑳踐墨隨敵：踐，遵守、遵循。墨，原則。句意為：遵守的原則，隨敵情而變化。

㉑以決戰事：以解決戰爭勝負的問題。即求得戰爭的勝利。

㉒始如處女，敵人開戶；後如脫兔，敵不及拒：起初如處女般柔弱沉靜，使敵人放鬆戒備；隨後如脫逃的兔子般迅速行動，使敵人來不及抗拒。

譯文

孫子說：按照用兵的原則，軍事地理上有散地、輕地、爭地、交地、衢地、重地、圮地、圍地、死地。諸侯在本國境內作戰的地區，叫散地。進入敵國不遠而易返的地區，叫輕地。我方得到有利，敵人得到也有利的地區，叫爭地。我軍可以前往，敵軍也可以前來的地區，叫交地。同幾個諸侯國相毗鄰，先到達就可以獲得諸侯列國援助的地區，叫衢地。深入敵國腹地，背靠敵人眾多城邑的地區，叫重地。山林險阻、水網沼澤這一類難以通行的地區，叫圮地（圮地也作毀損、坍塌的地方）。進軍的道路狹窄，退兵的道路迂遠，敵人可以用少量兵力攻擊我方眾多兵力的地區，叫圍地。迅速奮戰就能生存，不迅速奮戰就會全軍覆滅的地區，叫死地。因此，處於散地，不宜作戰；處於輕地，不宜停留；遇上爭地，不宜強攻；遇上交地，不要斷絕聯絡；進入衢地，應該結交諸侯；深入重地，要掠取糧草；碰到圮地，必須迅速通過；陷入圍地，要設謀脫險；處於死地，要力戰求生。

從前那些善於指揮作戰的人，能夠迫使敵人前後部隊不得相互策應，主力和小分隊無法相互依靠，官兵之間不能相互救援，上下之間無法聚集合攏，士卒離散，難以集中，集合起來，陣形也不整齊。至於我軍，見對我有利就打，對我無利，就停止行動。試問：「敵人兵員眾多且陣勢嚴整，即將向我發起進攻，該用什麼辦法對付他？」答曰：「先奪取敵人的要害之地。這樣，他就不得不聽從我們的擺布了。」用兵之理，貴在神速，乘敵人措手不及的時機，走敵人意料不到的道路，攻擊敵人沒有戒備的地方。

在敵國境內進行作戰的一般規律是：深入敵國的腹地，我軍的軍心就會堅固，敵人就不易戰勝我們。在敵國豐饒的田野上掠取糧草，全軍上下的給養就有了足夠的保障。要注意休整部隊，不要使其過於疲勞。保持士氣，積蓄力量，部署兵力，巧設計謀，使敵人無法判斷我軍的意圖。將部隊置於無路可走的絕境，士卒就會寧死不退。士卒既能寧死不退，又怎麼會不殊死作戰呢？士卒深陷於危險的境地，心裡就不再存有恐懼；無路可走，軍心自然穩固；深入敵境，軍隊就不會離散。遇到迫不得已的情況，軍隊就會殊死奮戰。

因此，這樣的軍隊不須整飭，就能注意戒備；不用強求，就能完成任務；無須約束，就能親密團結；不待申令，就會遵守紀律。禁止占卜之類的迷信，以消除士卒的疑慮，他們就至死也不會逃避。我軍士卒沒有多餘的錢財，並不是他們厭惡錢財；我軍士卒置生死於度外，也不是他們不願長壽。當作戰命令頒布之時，那些坐著的士卒淚沾衣襟，躺著的士卒淚流滿面。把士卒投置到無路可走的絕境，他們都能像專諸和曹劌一樣勇敢。

善於指揮作戰的人，能使部隊自我策應，如同「率然」蛇一樣。「率然」，是常山地方的一種蛇。打牠的頭部，尾巴就來救助；打牠的尾巴，頭就來救助；打牠的腰身，牠的頭尾都來救助。試問：可以使軍隊像「率然」一樣嗎？答曰：「可以。」比如吳國人和越國人互相仇視，但當他們同船渡河，遇上大風，就會相互救援，配合默契，如同人的左右手一樣。

所以，用把馬並縛、深埋車輪這種顯示死戰之決心的辦法去作戰，是靠不住的；要使部隊齊心協力，奮勇作戰，如同一人，關鍵在於管教有方；要使優劣條件不同的士卒都能夠發揮作用，根本在於恰當地利用地形。所以，善於用兵的人，能使全軍上下攜手團結，指揮起來如同一人，這是因客觀形勢迫使部隊不得不這樣。

指揮軍隊，要做到沉著冷靜而幽邃莫測，管理部隊公正嚴明而有條不紊。要蒙蔽士卒的視聽，使他們對於軍事行動毫無所知；變更作戰部署，改變原定的計畫，使他人難以識破我方的真相；不時變換駐地，故意迂迴前進，使他人無從推測我方的意圖。將帥派出軍隊作戰，要像登高而去掉梯子一樣，使其有進無退。將帥率領士卒深入其他諸侯的國土，要像弩機發出的箭一樣一往無前。要燒掉舟船，打碎鍋子，以示死戰的決心。對待士卒，要能如驅趕羊群一樣，趕過去又趕過來，使他們不知道要到哪裡去。集結全軍官兵，把他們投置於險惡的環境，這就是指揮軍隊作戰的要務。九種地形的應變處置，攻防進退的利害得失，全軍上下的心理狀態，這些都是身為將帥者不能不認真研究和周密考察的要素。

在敵國境內作戰的規律是：進入敵國境內越深，軍心就越是穩固；進入敵國境內越淺，軍心就越容易懈怠渙散。離開本土，進入敵境進行作戰的地區，叫絕地；四通八達的地區，叫衢地；進入敵境縱深的地區，叫重地；進入敵境淺的地區，叫輕地；背有險阻，面對隘路的地區，叫圍地；無路可走的地區，叫死地。因此，處於散地，要統一軍隊的意志；處於輕地，要使營陣緊密相連；在爭地上，要迅速出兵，抄到敵人的後面；在交地上，要謹慎防守；在衢地上，要鞏固與諸侯列國的結盟；遇上重地，就要保障軍糧的供應；遇上圮地，必須迅速通過；陷入圍地，要堵塞缺口；到了死地，要顯示殊死奮戰的決心。所以，士卒的心理狀態是：陷入包圍，就會竭力抵抗；形勢逼迫，會拼死戰鬥；身處絕境，就會聽從指揮。

因而，不了解諸侯列國的戰略意圖，就不要預先與之結交；不熟悉山林、險阻、沼澤等地形，就不能行軍；不使用嚮導，就無法獲得有利的地形。這些情況，有一樣不了解，都不能成為稱王爭霸的軍隊。凡是稱王爭霸的軍隊，進攻敵國，能使敵國的軍民來不及動員；兵威加在敵人頭上，能使敵方的盟國無法配合、策應。

因此，沒有必要去等著同天下諸侯結交，也用不著在各諸侯國內培植自己的勢力；只要伸張自己的戰略意圖，把兵威施加在敵人頭上，就可以拔取敵人的城邑，摧毀敵人的國都。施行超越慣例的獎賞，頒布不拘常規的號令，指揮全軍就如同指揮一個人一樣。布置作戰任務，不向部下說明其中的意圖。動用士卒，只說明有利的條件，而不指出危險的因素。將士卒投置於危地，才能轉危為安；使士卒陷身於死地，才能起死回生；軍隊深陷絕境，然後才能贏得勝利。

所以，指導戰爭這種事，在於謹慎地觀察敵人的戰略意圖，集中兵力攻擊敵人之一部，千里奔襲，擒殺敵將。這就是巧妙用兵，克敵制勝的要訣。

因此，在決定戰爭方略時，要封鎖關口，廢除通行符證，不許敵國使者往來；要在廟堂裡反覆祕密謀劃，做出戰略決策。敵人方面一旦出現間隙，就要迅速乘機而入。

首先奪取敵人的戰略要地，但不要輕易與敵約期決戰。要靈活機動，隨機應變，決定自己的作戰行動。

因此，戰鬥打響之前，要像處女那樣沉靜柔弱，誘使敵人放鬆戒備；戰鬥展開之後，則要像脫逃的野兔一樣，行動迅速，使敵人措手不及，無從抵抗。

講解

「九地篇」上接「地形篇」，是對於地形地理的討論與研究。這裡，「地」不僅指自然地理，還包括客觀環境，對於戰略行動的決定，作用更大。本篇中，孫子就說：「九地之變，屈伸之利，人情之理，不可不察也。」

開篇第一段，闡述了九種地理環境「散、輕、爭、交、衢、重、圮、圍、死」，並進一步說明，在這幾種地理形勢下，有可能對將領與士兵產生的心理影響。

由此，孫子分別根據這九種不同的地形，提出了不同的作戰方案與注意事項。比如：遇散地，不宜作戰；遇衢地，應結交諸侯；遇圍地，應設謀；遇死地，應背水一戰……等等，精闢至極！

當敵軍蜂擁而來，對策是「先奪真愛」，即奪取敵人最重要的地方。古代，兩軍交戰之際，常奪取敵人所屬之域最薄弱的環節，斷其水源、糧道，作為打敗敵人的切入口。當然，這個要害還可以包括精神面、道德面，甚至於情感面。先奪其愛，是一招很有謀略的手段。

本篇中有一個很著名的比喻：「率然」蛇。無論擊其身體中的哪一段，其它部分都會立即過來救助。孫子說，軍隊的行動應如率然一樣，齊心協力，勇往直前，「攜手若使一人」。怎樣才能做到呢？答曰：「齊勇若一，政之道也。」即從思想上做到統一，指揮上做到相互協作、補充。當然，還要有機動性，善於應付突發事件。

從「率然」的本能之舉，居然能得出這麼深刻的「軍事哲理」，孫子真是一位了不起的軍事家。

「并敵一向，殺敵千里。」意為佯裝順從敵人的意圖，一旦有機會，就集中兵力，大敗敵人，擒殺敵將。在這裡，把握時機，抓住突破口是關鍵。就如孫子所說「巧能成事」，「巧」是題眼！

本篇內容頗多，計謀也頗為廣泛，值得仔細玩味。

衢地險關，兵家必爭

原文

諸侯之地三屬，先至而得天下之眾者，為衢地……衢地則合交。

點評

「衢地」，指四通八達，敵我與其他諸侯國接壤的地區，一般都離本土較遠，是交戰的各方必爭的戰略要地。誰能搶在前面佔領它，誰就能掌握戰爭的主動權。

因此，自古至今，軍事家無不為奪取衢地而絞盡腦汁，繼而留下一個又一個著名的戰例。

比較有名而又為後人所熟悉的是「街亭之戰」，民間稱之為「失街亭」。街亭是漢中咽喉，街亭一失，西蜀軍隊的後勤供應就會被司馬懿掐斷，進而威脅隴西一帶。

諸葛亮錯用華而不實的馬謖，不但被司馬懿奪去街亭，連自家性命也險些不保，不得不演出一場「空城計」。

典故名篇

❖ 丟失街亭，馬謖喪命

三國時期，司馬懿用計殺掉叛將孟達之後，奉魏主曹叡之令，統率20萬大軍，殺奔祁山。諸葛亮在祁山大寨中聞知司馬懿統兵而來，急忙升帳議事。

諸葛亮道：「司馬懿此來，必定先取街亭。街亭是漢中咽喉，街亭一失，糧道即斷，隴西一境不得安寧。誰能引兵擔此重任？」

參軍馬謖慨然請命：「卑職願往。」

蜀帝劉備在世時曾對諸葛亮說：「馬謖言過其實，不可大用。」

諸葛亮想起劉備的話，心中有些猶豫，便說：「街亭雖小，但關係重大。此地一無城郭，二無險阻，守之不易；且一旦有失，我軍就危險了。」

馬謖不以為然：「我自幼熟讀兵書，難道連一個小小的街亭都守不了？」稍頓又說：「我願立下軍令狀。如有差失，以全家性命擔保！」

諸葛亮見他胸有成竹，於是讓他寫下軍令狀，撥給他二萬五千精兵，又派上將王平做他的副手，並囑咐王平：「我知你平生謹慎，才將如此重任委託給你。下寨時一定要立於要道之處，以免魏軍偷越。」

馬謖和王平引兵離去後，諸葛亮還是不放心，又對將軍高翔說：「街亭東北有一城，名為柳城，可以屯兵紮寨。今給你一萬兵，如街亭有失，可率兵增援。」高翔接令，領兵而去。

馬謖和王平來到街亭，看過地形，王平建議在五路總口下寨，馬謖卻執意要在路口旁的一座小山上安營。

王平說：「在五路總口下寨，築起城垣，魏軍即使有十萬人馬，也不能偷越；如果在山上安寨，魏軍將山包圍，怎麼辦？」

馬謖笑道：「兵法上說：居高臨下，勢如破竹。到時候管教他魏軍片甲不存！」

王平不死心，繼續勸道：「萬一魏軍斷了山上水源，我軍豈不是不戰自亂？」

馬謖大聲說道：「兵法上說：置之死地而後生。魏軍斷我水源，我軍死戰，以一當十，不怕魏軍不敗！」言罷，不聽王平勸告，傳令上山下寨。

王平無奈，只好率五千人馬在山之西立一小寨，與馬謖的大寨形成犄角之勢，以便有事時增援。

司馬懿兵抵街亭，見馬謖紮寨於山上，不由仰天大笑，道：「孔明用這樣一個高才，真是老天助我啊！」隨即派大將張郃率兵擋住王平，再派人斷絕了山上飲水，隨後將小山團團圍住。

蜀軍在山上望見魏軍漫山遍野，隊伍嚴整，人人心中惶恐不安。馬謖下令發起攻擊，蜀軍將士竟無人敢下山。不久，飲水點滴皆無，蜀軍將士更加惶恐。司馬懿下令放火燒山。蜀軍一片混亂。馬謖眼見守不住小山，拼死衝下山，殺開一條血路，向山西逃奔。幸得王平、高翔及前來增援的大將魏延救助，方得以逃脫。

街亭一失，魏軍長驅直入，連諸葛亮也來不及後撤，被困於西城縣城之中，被迫演出了一場「空城計」。

諸葛亮退回漢中，依照軍法，將馬謖斬首示眾；又上表後主劉禪，自貶為右將軍，以究自己用人不當之過。

❖ 戰火中的美鈔

當伊拉克武裝入侵科威特之後，以美國為首的西方國家迅速調兵遣將，實施了規模空前的「沙漠盾牌」行動。

全世界都在注視這場戰爭。不過，這場戰火在不同的人看來，有完全異質的意義：將軍看到升官，士兵看到流血，百姓看到死亡，精明的商人卻看到大把大把美鈔。

據統計，在美國，有一千多家公司都以這次戰爭為契機，為自己大造輿論。

可口可樂公司從美國向沙漠中的將士免費供應汽水，並一本正經地宣布：「幫助一個出門在外的人，就獲得一個終身的朋友。毫無疑問，這對每家企業都有好處。」

威爾登體育用品公司無償提供了一箱又一箱鞋油，以表明自己高品質的鞋油能使大漠中的皮鞋同樣烏黑發亮。

另外，諸如1萬副紙牌、2.2萬箱無酒精啤酒、10萬副太陽眼鏡等等，令美國大兵在大漠之中，照樣過得愜意十足。

從來沒有哪次戰爭出現過這樣的景況：每天都有新產品貨箱運抵部隊，士兵收到本國工業界送來的不計其數的禮物。

電視台日夜播放：「我們在波斯灣的小伙子。」螢幕上不斷出現美國大兵的形象：拿著可樂，吃著罐頭，抽著萬寶路香菸，搖頭晃腦地聽著新力小型收音機……

記住你身在商場，記住你是一個商人。把握時機，你就能從熊熊的戰火中看到大把大把美鈔。

當美國大兵班師回國，那些精明的廠商正神采飛揚，他們也都打了一個大勝仗，正在大飲慶功酒哩！

❖ 商標——商戰的制高點

人們常說：「商場如戰場。」這話一點也不假。當然，軍事戰場上的計策謀略如能運用到商場，靈活地指導商戰，一定能取得輝煌的戰果。

制高點是每一場戰鬥中交戰雙方都極力爭奪的地理位置。佔據了它，就能在戰鬥中取得控制全局的優勢，從而輕而易舉地取得戰鬥的勝利。

商標，又稱「牌子」，是具有很大的經濟效益的工業產權，在企業經營中佔據著重要的地位。誰在商標上下了功夫，誰就可以在市場競爭即商城中勝人一籌，獲得成功。因此，有成就的企業家手中，無不握有一張響噹噹的「牌子」。同時，那些經營有方的企業，無不在商標運作上挖空心思，大做文章。

當然，為實現名牌戰略，除了在商標宣傳上要捨得一擲百萬金、千萬金之外，精明的企業家更注重商標「佔位術」的運用。「佔位術」運用得法，往往可以事半功倍，甚至能取得點石成金的效果。商標「佔位術」除了「一般佔位術」（即企業選用易上口、好識別的標記作為自家產品的商標而註冊，取得商標專用權，從而佔住該商標之位），還包括「搶先佔位術」等。

「搶先佔位術」是指企業對於自己已花費很大資金做了廣告的商標要及時註冊，以免被商戰中的其他競爭對手不勞而獲。

為此，「搶先佔位術」就成了一些精明的私營、承包、租賃企業的慣用手法。搶先把這一商標註冊的經營者，就成了這一商標的合法擁有者。

北京市北冰洋食品公司開發的「維爾康」飲料，投放市場後十分暢銷。為使其名氣更大，北冰洋公司花了100萬元廣為宣傳，又以

「維爾康」的名義，贊助北京亞運會200萬元。這樣，「維爾康」名聲大振，日產達四千箱以上。但北冰洋公司犯了一個常識性的大錯誤，沒有及時將「維爾康」作為商標，申請註冊。

此時，山西陽泉一家飲料廠的承包人得知這一信息，大喜過望，立即搶先將「維爾康」當成自己的商標註冊。等北冰洋公司「醒過來，自己花大本錢開發的「維爾康」已經成了他人的註冊商標，如果再繼續使用，還將構成侵權行為。

這麼一來，北冰洋公司只好派人到山西協調「維爾康」商標的轉讓問題。可對方除了開價三年承包費17萬元由北冰洋公司承擔外，還提出要同意聯營，然後才能談「維爾康」的轉讓問題。

有人斥責這種搶先行為為投機，可法律只保護註冊在先的商標；有人斥責這種行為不道德，可法律與道德之間並不能劃上等號。

圍地則謀，死地則戰

原文

圍地則謀，死地則戰。

投之亡地然後存，陷之死地然後生。

點評

進入「圍地」，敵軍佔據地利，可以以一當十，我軍完全處於被動挨打的危險境況，九死一生。因此，孫子強調，必須立即堵塞缺口，阻擋住敵軍的攻擊，並巧設計謀，出奇制勝，以求死裡逃生。

「死地」的形勢比「圍地」更險惡，甚至連謀劃時間也微乎其微。這時候，惟一的策略就是激勵全軍戰士同仇敵愾，殊死奮戰，死裡求生。

戰爭不僅是智謀的較量，也是力的較量，意志和決心的較量。在一定條件下，意志和決心所發揮出的能量可以改變力量強弱的對比。

這就是所謂「精神勝物質」。在九死一生的被動情況下，利用全軍將士求生的心理，煥發全軍將士決一死戰的勇氣，反敗為勝，是歷代軍事家所津津樂道的。此即「陷之死地然後生」。

秦朝末年，秦將章邯率大軍擊敗陳勝、吳廣的起義軍，又北渡黃河，將趙王包圍在鉅鹿。危急關頭，項羽率起義軍赴援。待全軍渡過漳河，項羽突然下令，將渡船全部鑿沉，飯鍋全部打碎，營房全部燒毀，每個人只帶三天份的乾糧。全軍將士畏懼項羽，又斷了歸路，人人抱著死戰到底的決心與秦軍奮戰，結果九戰九捷，不僅解了鉅鹿之圍，也打出了一個名垂青史的「西楚霸王」。

典故名篇

❖破釜沉舟，大敗章邯

秦朝末年，秦二世胡亥派大將章邯統率大軍，擊敗了陳勝、吳廣的起義軍，然後北渡黃河，進攻趙國，將趙王歇包圍在鉅鹿（今河北平鄉西南）。趙王歇慌忙向楚國求救。楚懷王派宋義為上將軍、項羽為次將、范增為末將，統率大軍援趙。

宋義知道章邯是一員驍勇善戰的老將，不敢與章邯交戰。援軍到達安陽（今河南安陽西南），宋義按兵不動，一住就是46天。項羽對宋義說：「救兵如救火。我們再不出兵，趙國就要被章邯滅掉了！」宋義根本不把項羽放在眼裡，冷笑道：「衝鋒陷陣，我不如你；運籌帷幄，你就不如我了。」並且傳下命令：「如有人輕舉妄動，不服從命令，一律斬首！」項羽忍無可忍，拔劍斬殺宋義，自己代理上將軍，並命令黥布和蒲將軍率兩萬人馬渡過漳河，援救趙國。

黥布和蒲將軍成功地截斷了秦軍糧道，卻無力解趙王歇鉅鹿之圍。趙王歇再次派人向項羽求救。於是，項羽親率全軍渡過漳河，到達北岸。此時，他突然下令：「將渡船全部鑿沉，飯鍋全部打碎，營房全部燒掉，每個人只帶三天份乾糧。」將士們懼怕項羽的威嚴，誰也不敢多問。項羽激勵全軍將士：「我們此次進軍，只能前進，不能後退！後退就是死路一條！」將士們眼見一點退路也沒有，人人抱著死戰到底的決心，與秦軍拼殺。結果，項羽率楚軍以一當十，九戰九捷。章邯的部將蘇甬被殺、王離被俘、涉間自焚而亡，章邯狼狽逃走，鉅鹿之圍遂解。

鉅鹿之戰打出了楚軍的威風。從此以後，項羽一步步登上權力的最高峰，成為名揚天下的「西楚霸王」。

❖ 當危機來臨時

李・艾科卡是美國著名的企業家、工商管理學家。他因接管瀕臨破產的克萊斯勒汽車公司並使它起死回生而聲譽鵲起，名震一時。

艾科卡到克萊斯勒公司就職那一天，克萊斯勒公司宣布第三季度虧損近1.6億美元。這是這家公司有史以來最嚴重的虧損。其後，公司又受到石油危機的沉重打擊，更加劇了衰落之局。為了生存下去，艾科卡主持克萊斯勒，採取了一系列措施，如壓縮人員、節約開支等等，並向政府求援。

這個求援的申請，在全國引起了激烈的爭論。投反對票的甚多，理由是保護自由競爭，企業該破產就讓它破產。市場體制的根本前提就是既允許成功，也允許失敗；政府干預經濟，代價既高，又無勝算，會不會肉包子打狗呢！

艾科卡知道，要取得政府的援助，必須首先改變大多數人對這件事的看法和態度。為此，他進行了一系列廣告宣傳活動，從正反兩方面著手。他首先指出，克萊斯勒絕無停業的打算，而是希望繼續發展下去；第二，克萊斯勒正在生產美國真正需要的汽車。這次廣告一反過去以圖片、文字說明的方法，而是刊登一系列文章。這些文章不宣傳產品，而宣傳公司和它的前景、事業，公司的決心與能力。

在一些廣告中，艾科卡自問自答，說明了一些相當棘手的問題。比如，若沒有克萊斯勒，美國的經濟情況會比較好嗎？回答是：如果克萊斯勒倒閉，整個國家的失業率將上升5%；公司的工人、經銷商和材料供應商加起來共60萬人，一年之間，國家就得為失業保險和福利開支27億美元。

這些廣告統統由艾科卡本人簽字，以示他是用個人的聲譽為公司擔保，果然使公眾意識到克萊斯勒的存在對社會經濟的意義，如果讓其倒閉，可能會給國家、社會帶來什麼不利的影響。漸漸地，社會輿論發生了變化，卡特政府與國會人士也終於改變主意。在贏得外界支持的同時，艾科卡在公司內部也贏得了員工的理解。

艾科卡告誡所有員工：「你們若是不幫我一把，也別想活著。我明早宣告破產，你們跟著就全部失業。」他進一步指出：只有當我們有了利潤，才談得上分利潤；只有當生產率提高，才談得上增加工資；如果為多吃一口那越來越小的餡餅而拼命爭奪，日本人就會吃掉我們。

結果，員工對資方做出了相當大的讓步——工資每小時減少了1.15美元，後來又減少了2美元。工會也站到廠方一邊，協助廠方管理工廠。

克萊斯勒終於走出了低谷，渡過了風險。在公司終於站穩了腳跟之後，艾科卡召開了記者招待會，宣稱：「先生們，從現在起，克萊斯勒不再是急待錢花、正在掙扎或資金困難，這些詞都將永遠排除……」

克萊斯勒比原定償還期提前7年償還了全部貸款。它已雄風重振，再次成了美國汽車製造業的天之驕子。

❖ 買一輛汽車，送一輛汽車

美國康乃迪克州有一家叫雪佛萊·奧茲莫比爾的汽車廠，它的生意曾長期不振，工廠面臨倒閉。工廠總裁對經營和生產進行了反思，總結出自己的企業經營失敗的原因是推銷方式不靈活。他針對企業存在的問題，對競爭者及其它商品的推銷術進行了認真比較，最後設計出一種大膽的推銷方式——「買一送一」。

這項新的推銷手法這樣開始：它積壓了一批轎車，由於未能及時脫手，導致資金不能回籠，倉租利息負擔沉重。廠方決定，在全國主要報紙刊登一則特別的廣告：誰買一輛托羅納多牌轎車，就可以免費獲得一輛南方牌轎車。

買一送一的做法由來已久。但一般做法是免費贈送一些小額商品。如買電視機，送一個小玩具；買電刮鬍刀，送一支刮鬍膏；買錄影機，送一盒錄影帶……等等。這種向顧客施小惠的推銷方式，消費者已見奇不奇，失去味口。

雪佛萊·奧茲莫比爾汽車廠這種「買一輛轎車，贈送一輛轎車」的辦法一鳴驚人，使很多對廣告習以為常的人也刮目相看，並相互轉告。許多人看了廣告以後，不辭遠途，前來看個究竟。工廠經銷部門原來門前冷清，一下子門庭若市起來。

過去無人問津，積壓起來的轎車以二萬一千五百美元一輛被買走。廠方兌現了廣告所承諾的，凡是買一輛托羅納多牌轎車，免費贈送一輛嶄新的南方牌轎車。如果買主不要贈送的轎車，也可以再退還四千多美元。

實施這一招，雖然使每輛轎車減少收入約五千美元，卻將積壓的車子一售而空。事實上，這些車每積壓一年，每輛車損失的利息和倉租、保養費，也接近這個數目。

更重要的是，這一舉動給工廠帶來了源源不斷的生意。它不但使托羅納多牌轎車名聲四揚，提高了知名度，增加了市場佔有率，也推出了一個新牌子——南方牌。這種低檔轎車開始時以「贈品」作為陪嫁，隨著贈送多了，它慢慢地也有了名氣。它確實是一種比較實惠的輕便型小轎車，造型小巧玲瓏，價格便宜，很適合低收入階層使用。

就這樣，雪佛萊・奧茲莫比爾汽車廠起死回生了，生意從此興隆發達起來。

❖ 王永慶：「我就是市場！」

台灣塑膠大王王永慶，人稱台灣的「經營之神」。

王永慶出身貧寒，靠當米店小老闆起家，積累了一筆財產。50年代，政府意圖發展塑膠工業，派懂化學工業的企業家何義出國考察。何義考察回國之後，認為在台灣生產塑膠，根本無法與日本競爭，竟悄然隱去。此時，王永慶對塑膠還一竅不通，但他知道台灣各地都有燒鹼廠家，可為塑膠粉的生產提供豐富的氯氣資源，而且，塑膠市場前景不可估量。一九五四年，他排除萬難，與人合作，創建了台灣第一家塑膠公司。

王永慶的塑膠公司以月產100噸的速度投入批量生產。但台灣的月需求量只有20噸，產品大量積壓。其他股東擔心自己的投入會白白拋入大海，相繼要求退股。王永慶下狠心，傾盡家產，購下所有產權，獨家經營。他的對策是；增加產量，降低成本和售價，吸引更多的海內外客戶。

但是，市場上的日本產塑膠粉質好，價格低，王永慶的產品沒什麼競爭力，在倉庫裡堆積如山。

「難道真的像何義（台塑共同創辦人，也是永豐餘紙業的三兄弟之一）所預言的那樣，只有死路一條？」王永慶似已被逼上絕路。他也曾想把產品運出去。但遠程運輸，昂貴的費用付不起。看來，出路還只能在台灣島上。

「那麼，就再建一家塑膠加工廠，」他心中早有定見，決定來個釜底抽薪：「建立一個市場（把塑膠「賣」給自己的塑膠加工廠，然後出售塑膠成品）！」

王永慶的驚人之舉得到許多有識之士的支持。他很快籌集到了足夠的資金，於是創建了一座規模可觀的塑膠加工廠，並更新了塑膠廠的設備。

塑膠加工廠投產之後，兩廠互補的生產優勢立即大放異彩。王永慶獨佔了台灣的塑膠市場，無人可與他匹敵。受此啟發，他發現塑膠業與木材若能結合，市場更為廣闊，於是又先後建立了「新茂木業有限公司」、「台灣化學纖維有限公司」，生產新穎、別致、利潤大的特種工業品。

一九七三年，世界性石油危機中斷了台塑基礎原料的供應。王永慶果斷地在海外投資建成全球最大的輕油裂解廠，使台塑集團從此再不必為基礎原料的供應而擔心。

乘機而入，以石擊卵

原文

故為兵之事，在於順詳敵之意，并敵一向，千里殺將。此謂巧能成事者也。

點評

戰爭是以一定的人力、物力、財力為基礎的較量。在狼煙滾滾的戰場上，交戰雙方的人力、物力、財力不斷變化。即使是力量佔絕對優勢的一方，在某一局部地區、某一特定天時、某個時刻，它的「優勢」也可能轉化為劣勢。反之，即使是人力、物力、財力都處於劣勢的一方，只要軍隊的統帥運籌得當，他就可以利用特定的天時、地利和時間，在局部上變劣勢為優勢。

俗話說：「機不可失，時不再來。」關鍵在於是否能把握住時機，集中兵力，造成局部優勢，贏得勝利。

典故名篇

❖乘機而入，輕取洛陽

明末，老百姓生活在水深火熱之中，各地農民紛紛揭竿而起。一六四〇年7月，張獻忠率農民軍攻入四川。明軍主力進入四川圍剿，河南一帶的防務變得十分脆弱。農民軍首領李自成趁機迅速壯大自己的力量，並連續攻克宜陽、偃師、新安等地城池。

宜陽、偃師和新安屬豫西重鎮洛陽的外圍。明朝福王朱常洵就住在洛陽。朱常洵的母親是神宗朱翊鈞的愛姬，朱翊鈞愛屋及烏，對朱常洵也格外寵愛，把大量金銀財物賞賜給他。朱常洵坐擁金銀無數，卻異常吝嗇，不但洛陽城的百姓怨恨他，就是他府中的兵丁也時有不滿。官府的軍隊大多抽調入四川去平定張獻忠所部，洛陽城中已無多少將士。因此，洛陽城在這個特殊的時刻，已變成一座「兵弱而城富」的重鎮。

李自成當然不會輕易放過攻取洛陽城的大好機會。

一六四一年正月，他率軍兵臨洛陽城下，拉開了攻城的序幕。生死關頭，朱常洵竟只顧自己，調集親兵保護府庫，對城頭上的戰事不聞不問。守城將領一再要求他發放銀兩，犒賞守城士卒。他下狠心，才撥出了三千兩白銀。

可是，這區區三千兩白銀還被總兵王紹禹等人吞沒了。朱常洵忍痛又撥出一千兩。士兵們因分配不均而爭鬥不止，最後竟發展成兵變。士兵們將兵備道王允昌捆綁起來，燒毀城樓，又大開北門，迎接農民軍入城。總兵王紹禹見大勢已去，倉皇跳城逃命。福王也企圖棄城逃跑。但沒跑多遠，就被抓獲。

李自成只用極小的代價，就輕易奪取了洛陽城。

❖ 七二〇萬美元買下阿拉斯加州

阿拉斯加是美國的第49州。它是美國政府用七二〇萬美元，從俄國人手中買來。

阿拉斯加州位於北美洲西北角，東臨加拿大，西連白令海峽，南面和北面是浩翰無垠的北冰洋、太平洋。

最早發現阿拉斯加的人是丹麥航海家白令。一七二八年，白令奉俄國彼得大帝之命，來到阿拉斯加。由於天氣的原因，白令沒能登上這片陸地。他的任務是探察亞洲大陸與美洲大陸是否相連。完成這一任務之後，他就返航了。

一七四一年，白令再次來到阿拉斯加，從南面登上這塊被冰雪覆蓋的土地。不幸的是，返航時，他因座船觸礁而遇難。俄國人對白令的離去感到難過，他們緊步白令後塵，登上阿拉斯加。從此，阿拉斯加淪為俄國人的殖民地。

19世紀20年代，美國人大肆鼓吹「美洲是美洲人的美洲」，俄國人成了美洲人的「眼中釘」。此後，俄國人又在「克里米亞」戰爭中敗北。在這種背景下，俄國人決心賣掉這塊「毫無價值」的冰雪之地。經過多次祕密接觸，一八六七年三月二十九日，俄國駐華盛頓使節多依克爾稟承沙皇亞歷山大二世的旨意，拜會了美國國務卿威廉·西沃德，要求就出賣阿拉斯加土地一事，與美國政府舉行正式談判。

談判持續了一個夜晚。西沃德開口給價五百萬美元。

多依克爾聳聳肩，道：「太少了！閣下簡直是在開玩笑！」

西沃德問道：「沙皇陛下想要多少？」

多依克爾回答：「七百萬！絕對不能低於這個數目！」

西沃德皺著眉頭說：「太多了！關於購買這塊一毛不拔的土地，我已受到不少責難！我想，參議院必定不會批准！」

多依克爾絲毫不妥協：「就這樣了，七百萬！外加二十萬美元的手續費，一共就算七二〇萬美元好了！」

西沃德哭喪著臉同意了。

西沃德的沮喪是偽裝的，他所說的「責難」卻是真實的。當時，美國剛剛結束內戰，百廢待興，到處都需要錢，政府則幾乎是「一貧如洗」。因此，許多議員對購買這樣一塊「貧瘠」的土地大放厥詞，紛紛指責西沃德「愚蠢之至」。

西沃德回應道：「先生們，我們應該把目光放遠些，不要錯過上帝賜予我們的這一良機！如果讓俄國人把它賣給其他國家，我們會後悔莫及的！為了美國的長遠利益……我再重覆一遍，為了美國的長遠利益，我們不要吵了！」最後，參議院終於拍板同意。

西沃德的遠見卓識，不僅為美國增加了一個冰雪之州，更為美國創造了數不盡的財富。美國接手阿拉斯加之後不久，在阿拉斯加就發現了金礦，隨即掀起了「淘金」的浪潮。

到了20世紀，在阿拉斯加又發現了北美最大的油田。直到今天，其產量仍佔美國全國石油總產量的七分之一。

❖ 傑克敦的厚利多銷

傑克敦是個具有獨特見解的人，遇事冷靜，最反對人云亦云。處理問題，他常常有些悖逆常情之舉，使周圍的人吃驚。正因他總能出奇制勝，所以取得了非凡的成就。

20世紀30年代初，歐洲經濟大蕭條。這時，倫敦有一家製造印刷機的工廠倒閉。這一時期，印刷業很不景氣，印刷機更是乏人問津。那家倒閉的印刷機廠用極低廉的價格拍賣原設備，也無人敢買。當時兩手空空的傑克敦卻貸了款，把這個破廠買了下來。傑克敦從未搞過印刷機械業，是個外行。關心他的友人以為他是衝著低價而去，估計他要倒楣了，勸他別幹傻事。傑克敦笑著回應：「這是一次難得的機會啊！」

接手工廠後，傑克敦馬上著手研製一種新產品──「海報印刷機」。這種印刷機結構簡單、成本低，專門向各公司、商店推銷。這一時期因為經濟蕭條，大多數商品都滯銷。為了大力推銷商品，各公司、商店都競相印廣告、海報宣傳商品。傑克敦就是看準了這一點，才買下工廠。

每台機器成本不足三百美元，他卻將售價提高到二千五百美元一台。他如此分析：「對一種具有特殊用途的產品來說，定價越高，越容易銷。」果然，如他所料，一些稍大一點的公司都紛紛前來訂購，印刷機銷路頗好。

當時，圓珠筆的使用尚未普及，其性能也有待改進。傑克敦招納專門人才，用20天的時間，研製出一種新型圓珠筆。此時西歐正掀起「原子熱」，於是傑克敦將這種筆取名為「原子筆」，同時開動所有管道，大肆宣傳「原子時代奇妙之筆」的不凡之處——「可以在水中寫字，也可以在高海拔地區寫字。」

英國人具有追求新奇的特性，幾大百貨公司都對此深感興趣，僅倫敦百貨公司，就一次訂購三百支。這些公司進了貨之後，也都紛紛用傑克敦的宣傳口號做廣告，市場上竟出現了爭購「原子筆」的壯觀景象。

生產這種圓珠筆的成本不足1美元，傑克敦卻認為，既然「原子筆」是與眾不同的神奇之筆，就應該訂出相應的高價格才相配。於是，他將筆價提高到13美元一支。果然，因價格高，消費者視其為珍

火攻篇

貴之物，人人都以擁有一支「原子筆」為時髦和派頭，訂單像雪片似地飛來。

只一年時間，傑克敦便獲利三百萬美元。當初，他投入的成本僅五萬美元。待各路對手擠進圓珠筆市場，筆價大跌，這時傑克敦已抽身轉產，去開闢新的市場了。

原文

孫子曰：凡火攻有五：一曰火人①，二曰火積②，三曰火輜③，四曰火庫④，五曰火隊⑤。行火必有因⑥，煙火必素具⑦。發火有時，起火有日⑧。時者，天之燥⑨也；日者，月在箕、壁、翼、軫⑩也；凡此四宿者，風起之日也⑪。凡火攻，必因五火之變而應之⑫。

火發於內，則早應之於外⑬。火發兵靜者，待而勿攻，極其火力⑭，可從⑮而從之，不可從而止。火可發於外，無待於內⑯，以時發之⑰。火發上風，無攻下風⑱。晝風久，夜風止。凡軍必知有五火之變，以數守之⑲。

故以火佐攻者明⑳，以水佐攻者強。水可以絕㉑，不可以奪㉒。

夫戰勝攻取，而不修其功者，凶㉓，命曰費留㉔。故曰：明主慮㉕之，良將修㉖之。非利不動㉗，非得不用㉘，非危不戰㉙。主不可以怒而興師，將不可以慍㉚而致戰；合於利而動，不合於利而止。怒可以復喜，慍可以復悅；亡國不可以復存，死者不可以復生。故明君慎之，良將警之㉛。此安國全軍之道也㉜。

注釋

①火人：火，此處作動詞，用火焚燒之意。火人，即焚燒敵軍人馬。

②火積：指用火焚燒敵軍的糧秣物資。積，積蓄；指糧草。

③火輜：焚燒敵軍的輜重。

④火庫：焚燒敵軍的物資倉庫。

⑤火隊：焚燒敵軍的後勤補給線。隊，通「隧」，道路的意思。

⑥因：依據、條件。

⑦煙火必素具：煙火，指火攻的器具、燃料等物。素，平素、經常的意思。具，準備妥當。此句意為：發火用的器材必須經常準備好。

⑧發火有時，起火有日：發起火攻，要選擇有利的時機。

⑨燥：指氣候乾燥。

⑩箕、壁、翼、軫：中國古代星宿之名稱，二十八宿中的四個。

⑪凡此四宿者，風起之日也：四宿，指箕、壁、翼、軫四個星宿。古人認為，月球行經這四個星宿之時，是起風的日子。

⑫必因五火之變而應之：因，根據、利用。五火，即上述五種火攻的方法。應，策應、對策。句意為：根據五種火攻所引起的

敵情變化，適時地部署軍隊策應。

⑬早應之於外：及早用兵，在外面策應（內外齊攻，襲擊敵人）。

⑭極其火力：讓火勢燒到最旺。極，盡。

⑮從：跟從。這裡指用兵進攻。

⑯無待於內：不必等待內應。

⑰以時發之：根據氣候、月象的情況實施火攻。以，根據、依據。

⑱火發上風，無攻下風：上風，風向的上方。下風，風向的下方。

⑲以數守之：數，星宿運行的度數；此指氣象變化的時機，即前面所述「發火有時，起火有日」等條件。句意為：等候火攻的條件。

⑳以火佐攻者明：佐，輔佐。明，明顯。指用火攻，效果明顯。

㉑絕：隔絕、斷絕的意思。

㉒不可以奪：奪，剝奪；這裡有焚毀之意，指焚毀敵人的物資、器械。

㉓不修其功者，凶：如不能及時論功行賞，以鞏固勝利的成果，必有禍患。

㉔命曰費留：若不及時賞賜，軍費將如流水般逝去。命曰，名為。費留，吝財，不及時論功行賞。

㉕慮：謀慮、思考。

㉖修：治、處理。

㉗非利不動：於我無利，則不行動。

㉘非得不用：不能取勝，就不要用兵。得，取勝。

㉙非危不戰：不在危急關頭，不輕易開戰。

㉚慍：惱怒、怨憤。

㉛故明君慎之，良將警之：所以，明智的國君行事慎重，賢良的將帥遇事警惕。慎，慎重。警，警惕、警戒。

㉜此安國全軍之道也：這是安定國家，保全軍隊的根本道理。安國，安邦定國。全，保全。

譯文

孫子說：火攻的形式共有五種。一是焚燒敵軍人馬，二是焚燒敵軍糧草，三是焚燒敵軍輪重，四是焚燒敵軍倉庫，五是焚燒敵軍糧道。實施火攻，必須具備條件，火攻器材必須平時即有準備。放火要看準天時，起火要選好日子。所謂天時，是指氣候乾燥之際；所謂日子，是指月亮行經「箕」、「壁」、「翼」、「軫」四個星宿的位置之時。凡是月亮經過這四個星宿的時候，就是起風的日子。

凡用火攻，必須根據五種火攻所引起的不同變化，靈活機動，部署兵力配合。在敵營內部放火，就要及時派兵，從外面策應。火已燒起而敵軍依然保持鎮靜，就應慎重等待，不可立即發起進攻；待火勢旺盛，再根據情況，做出決定，可以進攻就進攻，不可進攻就停止。火可以從外面燃放，這時就不必等待內應，只要適時放火就行。從上風放火時，不可從下風進攻。白天風刮久了，夜晚風就容易停止。軍隊必須掌握這五種火攻方法，靈活運用，等待放火的時日、條件具備時再進行。

用火輔助軍隊進攻，效果尤為顯著；用水輔助軍隊進攻，攻勢必能加強。水可以把敵軍隔絕，卻不能焚毀敵人的軍需物資。

凡打了勝仗，攻取了土地城邑，而不能及時論功行賞的，必會留下禍患。這種情況叫作「費留」。所以說，明智的國君必會慎重地考慮這個問題，賢良的將帥必會嚴肅地對待它。沒有好處，不要行動；沒有取勝的把握，不要用兵；不到危急關頭，不要開戰。國君不可因一時的憤怒而發動戰爭，將帥不可因一時的憤懣而出陣求戰。符合國家利益才用兵，不符合國家利益就停止。憤怒還可以重新變為歡喜，憤懣也可以重新轉為高興；但是，國家滅亡了就不能復存，人死了也不能再生。所以，對待戰爭，明智的國君應該慎重，賢良的將帥應該警惕。這是安定國家，保全軍隊的根本道理。

講解

孫子是把「火攻、水攻」這類作戰形式，寫入兵法之中的古今中外的第一人。

前十一篇是作戰的一般形式，或一般規律，本篇則是闡述火攻的規律與方法、注意事項等。二千多年前的戰爭，僅能依靠火、水這些自然條件輔助作戰。孫子說「以火佐攻」，強調火、水只是一種手段，但運用得好，可以由弱變強，化不利為有利。

火攻有五，按順序，分別是火燒敵軍，火燒敵人的糧草，火燒敵人的輪重，火燒敵人的倉庫，火燒敵人的運輸設施、糧道。火攻的條件，即所需要準備的器具、天氣徵候等。孫子利用他所通曉的天文知識，強調了「火攻」「有日」、「有時」。

如何配合火攻？孫子強調：「必因五火之變而應之。」根據火攻的情況，需視時視地，隨機應變，靈活運用，並要避免「自焚」。

本篇中的最後一段尤應注意。孫子在此進行了一系列論證，強調：「合於利而動，不合於利而止。」並論述戰爭對於國家、人民的重要性，提醒用兵者：發脾氣，還可以重新快樂起來；國家亡了，就不再有了。

他石攻玉，巧借東風

原文

以火佐攻者明，以水佐攻者強。

點評

戰爭是智慧和力量的角逐。

孫子身處於兩千多年前的春秋時代，當時火藥尚未發明，火器還未出現，各種物資條件也都有限。因此，他只能從自然力量中去尋找作戰的輔助力量，運用「火攻」和「水攻」的手段，對敵人施加打擊。

在《火攻篇》中，孫子介紹了用火攻燒毀敵方的營寨、糧草、輪重，倉庫、糧道等五種形式，並指出火攻所必須具備的條件：看天時、選擇有風的日子、在上風、用兵力配合，等等。最後，他得出結論：借助於火和水的力量，可以明顯地增加自己的力量，從而輕易地奪取戰爭的勝利。

戰國時期，晉國的趙襄子被智伯圍困在晉陽城，奄奄待斃。生死關頭，他聯合魏桓子、韓康子，掘開智伯的護營堤壩，用大水淹沒智伯軍營，反而消滅了智伯。

三國時期，曹操率二十萬大軍企圖消滅孫權、劉備，一統天下。孫、劉不過幾萬人馬，處於劣勢。幸諸葛亮巧「借東風」，火燒「赤壁」，大敗曹軍。諸如此類戰例，數不勝數。

典故名篇

❖ 縱火赤壁，曹操敗走

東漢末年，曹操在平定北方，統一中原之後，統率20萬（號稱80萬）大軍，沿長江東進，企圖迫使佔有江南六郡的孫權不戰而降，然後一統中國。

這時候，屢遭敗績的劉備已退守到長江南岸的樊口。受劉備之託，諸葛亮隻身前往柴桑會見孫權。他舌戰群儒，堅定了孫權迎戰曹操的決心，結成了孫、劉聯盟，共同抗曹。孫、劉的軍隊與曹操的軍隊在赤壁相遇，拉開了赤壁大戰的序幕。

曹操的軍隊不善水戰，初次交鋒，孫、劉佔了上風。曹操命令荊州降將蔡瑁、張允訓練水軍。周瑜大會群英，巧施離間計，使曹操斬殺蔡瑁、張允。曹操失去善於水戰的頭領，窘迫之際，將大船、小船或三十為一排，或五十為一排，首尾用鐵環連鎖。這樣，大江之上，任憑風大浪大，戰船不再顛簸。曹操自以為得計。

周瑜得知消息，定下火攻之計。但時值冬季，江上多西北風，用火攻，不但燒不了曹軍，反倒會燒了自家戰船。周瑜為此坐臥不寧。諸葛亮觀察天象，測知冬至前後將會有一場大東南風出現，於是自告奮勇，要「借」一場東南大風，助周瑜一臂之力。

周瑜驚喜若狂，又得大將黃蓋以死相助，施「苦肉計」騙得曹操的信任，在東南風乍起之時，駕著十餘隻載滿澆上了油和裹著硫磺等易燃物之乾草的戰船，趁著夜幕來臨，迅速接近曹操的戰船。黃蓋一聲令下，點燃乾草，十餘艘戰船在東南風勁吹之下，猶如十餘隻火龍，直撲曹操的戰船。

霎時間，江面上煙火沖天。曹操的戰船連在一起，一船著火，幾十隻船跟著著火，曹操的水軍士兵大部分燒死、溺死於江中。大火從江面蔓延到曹軍岸邊的營寨，岸邊的曹營也迅即變成一片火海。

孫、劉聯軍乘勢水陸並進。曹操從華容小道僥倖逃得性命，20萬大軍損失殆盡。

赤壁一戰，為以後的魏、蜀、吳「三國鼎立」奠定了基礎。

❖ 亂中取勝

一八七五年春，墨西哥爆發了大規模的瘟疫。美國肉類加工業巨子菲利普・亞默爾從報上得知這一消息，迅速派自己的家庭醫生前去調查，證實了這則消息確鑿無誤。

機會來了。亞默爾推斷，這場瘟疫一定會經過德克薩斯和加利福尼亞，傳染到美國。這兩州是肉類供應地，在瘟疫襲擊之際，肉價一定會大漲特漲。

亞默爾當機立斷，抽調全部資金，搶購這兩個州的肉牛和生豬，然後把它們全部運送到美國東部。

果然不出他所料，瘟疫迅速擴散到美國。德、加兩州的一切食品禁止外運，造成肉類極其短缺的罕見局面，肉價一漲再漲。

亞默爾將手中的肉食全部高價拋售，淨賺九百萬美元。這個過程僅幾個月。

利用瘟疫對肉食品加工業的打擊這把「火」，亞默爾「打劫」到了巨額財富。

❖ 迪士尼巧借博覽會壯大自己

一九五五年，迪士尼在美國加州橘郡安納漢（Anaheim）建成聞名於世的迪士尼樂園。不久，他得到一個信息：紐約將要舉辦一個大型產品博覽會，許多大公司、大廠商都踴躍參展。由於要花費巨資裝修場館，不少人為此大為焦急。迪士尼立即覺察到：這是一個提高「樂園」知名度和壯大「樂園」的好時機。經過一番籌劃，他找到博覽會的主辦者，自告奮勇，承擔裝修場館的任務。惟一的條件是：博覽會結束，將產品搬入迪士尼樂園，在樂園中展出5～10年。主辦者當即拍板，與迪士尼簽定裝修場館協議。

迪士尼將他的天才在博覽會上發揮得淋漓盡致。福特汽車公司、奇異電器公司、百事可樂公司都是美國，乃至全世界最有名氣的公司。迪士尼為「福特」設計了一條「神祕大道」，讓福特牌小轎車載著遊客，通過一條聲控的長廊，長廊中有從遠古到現在的各種雕塑場景；為「奇異」設計了一家「神奇戲院」；還為「百事」設計了一座「兒童小世界」，為博覽會設計了「總統大廳」……

當然，迪士尼沒有忘記自己——博覽會的每個角落都有迪士尼樂園的巨幅宣傳品和服務設施。

博覽會開幕之後，參觀者一天比一天多。許許多多美國人與其說是參觀博覽會，不如說是去博覽會遊玩：迪士尼設計的「神祕大道」、「神奇戲院」被博覽會主辦者、參展廠商和全體與會者一致譽為「最吸引遊客的地方」；「兒童小世界」被譽為「最美妙的地方」；「總統大廳」被譽為「最受歡迎的地方」。

博覽會取得空前的成功，迪士尼和「迪士尼樂園」更是美名遠揚。迪士尼雖為此投入巨額資金，但在博覽會上，他也得到可觀的收入。而且，博覽會結束之後，令參展廠商和遊客如醉如痴的「神秘大道」、「神奇戲院」、「兒童小世界」、「總統大廳」等等場景都被迪士尼運入「迪士尼樂園」，為美妙無比的「樂園」又增加了一大批令人留連忘返的景點。

於是，美國人和全世界的遊客紛紛湧入「迪士尼樂園」……

迪士尼巧借「博覽會」，既擴大了「迪士尼樂園」的知名度，又壯大了「樂園」的事業，一箭雙鵰。

❖ 餐廳老闆巧借名人聚餐

美國肯塔基州的一個小鎮上有一家不出名的餐廳，餐廳老闆發現：每到周二，來就餐的人特別少。這老闆幾次想扭轉這種局面，但收效甚微。一個周二的傍晚，他閒坐無事，信手翻閱桌上的電話簿。翻著、翻著，忽然看到一個熟悉的名字——約翰·韋恩。他一愣，很快想到：這個人與當時紅極全美國的電影巨星同姓同名。他福至心靈：何不借用影星約翰·韋恩的名字和名氣，請同名同姓的約翰·韋恩來就餐？到時候，鎮上的人出於好奇，一定會光顧餐廳。這老闆立刻電邀平常人約翰·韋恩夫婦於下周二晚上8點到餐廳就餐，餐廳免費供應雙份晚餐。約翰·韋恩欣然同意。然後，這老闆貼出一張大海報：「隆重歡迎約翰·韋恩先生於下周二光臨本餐廳！」

大海報一貼出，果然在小鎮上引起轟動。鎮上人紛紛議論，焦急地盼望下個周二早些來到，好一睹這位明星的風采。到了周二，餐廳的生意大增。上門的顧客急切地詢問老闆：「約翰·韋恩什麼時候光臨？」老闆回答：「晚上8時準時到達。」這一天傍晚，一大群顧客早早進入餐廳就餐，不到七點，想就餐的人就不得不在餐廳門外排起了長隊。接近八點的時候，餐廳門外已是人頭攢動，水洩不通。

八點整，餐廳老闆透過餐廳內的擴音器宣布：「各位先生、各位女士，約翰·韋恩攜夫人一起光臨本店，讓我們共同歡迎他們！」

餐廳內外頓時鴉雀無聲，所有的人都把目光投向餐廳門口——在老闆和服務小姐陪同下，一位矮小、地地道道的肯塔基州老農民與他的妻子微笑著，又有些忐忑不安地迎著眾人的目光，走入餐廳。

「這就是巨星約翰·韋恩伉儷?!」

所有人的都瞪大自己的眼睛。但這只是很短時間內的驚疑。一會兒，眾人很快明白了這是怎麼一回事，餐廳內爆發出一片善意的哄笑聲。有人大喊：「歡迎約翰·韋恩！」緊接著，更多的人大喊：「歡迎約翰·韋恩！」大夥兒把約翰·韋恩擁到上座，還紛紛要求與他們夫婦合影，整個餐廳一派喜氣洋洋。

餐廳老闆從邀請約翰·韋恩的成功中受到鼓舞，於是繼續從電話簿上尋找與「名人」同名的人到餐廳免費就餐。當然，他沒有忘記事先貼出一張大海報，遍告鎮上的父老鄉親。鄉親們也都樂意到餐廳「捧場」。從此，每逢周二，這家餐廳的生意最為興隆。

用間篇

原文

孫子曰：凡興師十萬，出征千里，百姓之費，公家之奉①，日費千金；內外騷動②，怠於道路③，不得操事④者，七十萬家⑤。相守數年⑥，以爭一日之勝，而愛爵祿百金⑦，不知敵之情者，不仁之至也，非人之將⑧也，非主之佐也，非勝之主⑨也。故明君賢將，所以動而勝人⑩，成功出於眾者，先知⑪也。先知者不可取於鬼神⑫，不可象於事⑬，不可驗於度⑭，必取於人，知敵之情者也。

故用間有五，有因間⑮，有內間，有反間，有死間，有生間。五間俱起，莫知其道⑯，是謂神紀⑰，人君之寶⑱也。因間者，因其鄉人而用之⑲。內間者，因其官人而用之⑳。反間者，因其敵間而用之㉑。死間者，為誑事於外㉒，令吾間知之，而傳於敵間也㉓。生間者，反報也㉔。

故三軍之親，莫親於間㉕，賞莫厚於間㉖，事莫密於間㉗。非聖智㉘不能用間，非仁義不能使間㉙，非微妙不能得間之實㉚。微哉微哉，無所不用間也！間事未發㉛，而先聞者，間與所告者皆死㉜。

凡事之所欲擊㉝，城之所欲攻，人之所欲殺，必先知其守將、左右、謁者、門者、舍人㉞之姓名，令吾間必索知之。

必索敵人之間來間我者㉟，因而利之㊱，導而舍之㊲，故反間可得而用也。因是而知之㊳，故鄉間、內間可得而使也㊴；因是而知之，故死間為誑事，可使告敵；因是而知之，故生間可使如期㊵。五間之事，主必知之，知之必在於反間，故反間不可不厚也㊶。

昔殷㊷之興也，伊摯在夏㊸；周㊹之興也，呂牙㊺在殷。故惟明君賢將能以上智㊻為間者，必成大功。此兵之要，三軍之所恃而動㊼也。

注釋

①奉：同「俸」，指軍費開支。

②內外騷動：指舉國上下混亂不安。內外，前方、後方的通稱。

③怠於道路：怠，疲憊、疲勞。此言百姓因輾轉運輸而疲於奔波。

④操事：指操作農事。

⑤七十萬家：比喻兵事對正常農事的影響之大。

⑥相守數年：相守，指相持、對峙。相守數年，即相持多年。

⑦而愛爵祿百金：而，如果。愛，吝惜、吝嗇。意指吝嗇爵位、俸祿和金錢而不肯重用間諜。

⑧非人之將：不懂用間諜執行特殊任務，就不是好將領。非人，不懂得用人（間諜）。

⑨非勝之主：不是能打勝仗的好國君。主，君主、國君。

⑩動而勝人：動，行動、舉動；這裡指出兵。句意為：一出兵，就能戰勝敵人。

⑪先知：指事先偵知敵情。

⑫不可取於鬼神：指不可以通過用祈禱、祭祀鬼神和占卜等方法求知敵情。

⑬不可象於事：象，類比、比擬。事，事情。意為不可用類比於其它事情的方法去解析敵情。

⑭不可驗於度：指不能用徵驗日月星辰運行位置的辦法惻知敵情。驗，應驗、驗證。度，度數；指日月星辰運行的度數（位置）。

⑮因間：間諜的一種，即本篇下文所說的「鄉間」。依賴與敵人的鄉親關係，獲取情報，或利用與敵軍官兵的同鄉關係，打入敵營，從事間諜活動，獲取情報。

⑯五間俱起，莫知其道：此言五種間諜同時使用，使敵人無法摸清我軍的行動規律。道，規律、途徑。

⑰神紀：神妙莫測之道。紀，道。

⑱人君之寶：寶，法寶。句意為：「神紀」是國君制勝的法寶。

⑲因其鄉人而用之：指利用與敵國將領之同鄉關係而行間。因，根據；引申為利用。

⑳內間者，因其官人而用之：官人，指敵方的官吏。句意為：所謂內間，就是指收買敵國的官吏為間諜。

㉑反間者，因其敵間而用之：所謂反間，即指收買或利用敵方的間諜，使其為我所用。

㉒為誑事於外：誑，欺騙、瞞惑。此句意為：故意向外散布虛假的情況，用以欺騙、迷惑敵人。

㉓令吾間知之，而傳於敵間也：讓我方間諜了解我方故意散布的假情報並傳給敵方間諜，誘使敵人上當。在這種情況下，事發之後，我方間諜往往難逃一死，所以稱之為「死間」。

㉔生間者，反報也：反，同「返」。意思為：那些到敵方了解情況之後，活著回來報告敵情的間諜。

㉕三軍之親，莫親於間：三軍中最親信的人，無過於所委派的間諜。

㉖賞莫厚於間：言賞賜沒有比間諜所受更優厚的了。

㉗事莫密於間：軍機事務，沒有比間諜之事更為機密者。

㉘聖智：才智過人者。

㉙非仁義不能使間：如果吝嗇爵祿和金錢，不能做到以誠相待，就無法用好間諜。

㉚非微妙不能得間之實：微妙，精細奧妙。這裡指用心精細，手段巧妙。實，指實情。意為不是手段巧妙，精心設計，不能取得間諜的真實情報。

㉛間事未發：發，進行、實施之意。此言用間之計尚未實施。

㉜而先聞者，間與所告者皆死：先聞，事先知道、暴露。言事情先行暴露，則間諜和知情者必須殺掉，以滅其口。

㉝軍之所欲擊：即「所欲擊之軍」。此句為賓語前置句式。下文

「城之所欲攻」、「人之所欲殺」，句式同此。

㉞守將、左右、謁者、門者、舍人：守將，主將。左右，守將的親信。謁者，指負責傳達通報的官員。門者，負責守門的官吏。舍人，門客，指謀士、幕僚。

㉟必索敵人之間來間我者：索，搜索。即必須查出前來我方進行間諜活動之敵諜。

㊱因而利之：趁機收買、利用敵間。因，由；這裡有趁機、順勢之意。

㊲導而舍之：設法誘導，並交給他一定的任務，然後放他回去（為己所用）。

㊳因是而知之：指從反間口中獲悉敵人的內情。

㊴鄉間、內間可得而使也：意為通過利用反間，鄉間和內間才能有效地加以使用。

㊵可使如期：可使如期返報。

㊶故反間不可不厚也：厚，厚待、重視。五間之中，以反間為關鍵，因此必須給予反間十分優厚的待遇。

㊷殷：公元前17世紀，商湯滅夏，建都亳（今河南商丘縣北），史稱商朝。後來，商王盤庚遷都到殷（今河南安陽小屯村），因此商朝又稱為「殷」。

㊸伊摯在夏：伊摯，即伊尹，原為夏桀之臣，後歸附商湯，商湯任用他為相。在滅夏的過程中，伊尹發揮了很大的作用。夏，

夏朝，大禹之子夏　所建立，中國歷史上第一個王朝，共傳十七世，至夏桀時為商湯所滅。

㊹周：周朝，公元前11世紀周武王滅商後所建立的王朝，建都於鎬京（今陜西西安）。

㊺呂牙：即姜尚，姜子牙；俗稱姜太公。曾為殷紂王之臣。周武王伐紂時，任用呂牙為「師」，打敗了紂王。

㊻上智：智謀超群的人。

㊼三軍之所恃而動：軍隊要依靠間諜所提供的情報而行動。

譯文

孫子說：凡興兵十萬，征戰千里，百姓的耗費，軍費的開支，每天都要花費千金，前方、後方動亂不安，民夫疲憊地在路上奔波，不能從事正常的耕作生產者，多達七十萬家。這樣相持數年，就為了決勝於一旦。如果吝惜爵祿和金錢，不肯重用間諜，致因不能掌握敵情而失敗，那就是不仁慈到極點了，這種人不配作軍隊的統帥，稱不得是國家的輔佐，也不是勝利的主宰者。所以，英明的君主和賢良的將帥，他們之所以一出兵就能戰勝敵人，功業超越普通人，就在於能夠預先掌握敵情。要事先了解敵情，不可用求神問鬼的方式獲取，不可拿相似的事做類比進行推測，不可用日月星辰運行的位置去驗證。一定要取之於人，從那些熟悉敵情的人口中探知。

間諜的運用方式有五種，即因間、內間、反間、死間、生間。

五種間諜同時使用，使敵人無從捉摸我用間的規律，是神祕莫測的方法，國君克敵制勝的法寶。所謂因間，是指利用敵人的同鄉做間諜。所謂內間，就是利用敵方的官吏做間諜。所謂反間，即是使敵方間諜為我所用。所謂死間，是指故意製造、散布假情報，通過我方間諜，將假情報傳給敵間，誘使敵人上當；一旦真情敗露，我間則難免一死。所謂生間，就是偵察後能活著回來報告敵情的人。

所以，在軍隊中，沒有比間諜更為親近的人；給予獎賞，沒有比間諜更為優厚者；沒有什麼事比間諜更為祕密。不是才智超群的人，不能使用間諜；不是仁慈慷慨的人，不能指揮間諜；不是謀慮精細的人，不能分辨間諜提供的情報。微妙啊，微妙，沒有不能使用間諜的時機、地點、事務！間諜的工作還未開展，祕密卻已洩露出去，間諜和了解內情的人都要處死。

凡是準備攻打的敵方軍隊，準備攻佔的敵方城池，準備刺殺的敵方人員，都須預先了解其主管將領、左右親信、負責傳達的官員、守門官吏和門客幕僚的姓名，指令我方間諜，一定要將這些情況偵察清楚。

一定要搜出敵方派來偵察我方軍情的間諜，用重金收買他，引誘開導他，再放他回去。這樣，反間就可以為我所用了。通過反間了解敵情，這樣，鄉間、內間就可以利用自如了。通過反間了解敵情，就可以使死間傳播假情報給敵人。通過反間了解敵情，就能使生間按預定時間返回報告敵情。五種間諜的使用，國君都必須了解、掌握。了解情況的關鍵在於使用反間。所以，對於反間，不可不給予優厚的待遇。

從前殷商的興起，在於商湯重用了夏臣伊尹，他熟悉並了解夏朝的情況；周朝的興起，是由於周武王重用了了解商朝情況的姜子牙。所以，明智的國君、賢能的將帥，能夠任用智慧高超的人充當間諜，就一定能建立大功。這是用兵中的關鍵步驟，整個軍隊都要依靠間諜所提供的敵情，決定軍事行動。

講解

本篇是對於間諜理論的闡述，孫子因此成為人類史上第一位間計理論家。這篇「用間」是古今中外眾多間諜理論著述中最早、最完整、最具影響力的一部。

間者，隙也。用間，派人打入敵軍內部，進行收集情報、分解敵軍等特殊工作。這是一種非常複雜而且相當危險的鬥爭，它的運用已超出了軍事鬥爭的範圍，政治、經濟、科學、文化界比比皆是。

本篇開篇即提出用間的重要性。由於戰爭對國家的損耗極大，所以備戰數年，決勝於一旦並不可取。孫子說：「成功出於眾者，先知也。」聰明的君主、優秀的將帥之所以能取得不平凡的戰果，是由於事先就深入掌握敵軍的情況。

如何知曉呢？「用間有五」，即因、內、反、死、生。這裡，反間尤為重要。反間是指收買敵方間諜為我所用。這樣，既可獲取信息，又可避免己方被害。

怎樣「用間」？孫子說：「三軍之親，莫親於間。」這是強調在感情上親厚、信任。「不可不厚」，是指給予優厚的待遇。「以上智為間者」則是說，要選用那些具有高智慧的人為間諜，講的是使用間諜要嚴謹。

本篇是《孫子兵法》最後一篇，與「計篇」遙相呼應，貫穿著「知己、知彼」的思維，使本書成為一個整體。

上智為間，諜戰有術

原文

三軍之親，莫親於間，賞莫厚於間，事莫密於間。故惟明君賢將，能以上智為間者，必成大功。

點評

「用間篇」是《孫子兵法》的最後一篇，與首篇「計篇」相映襯，使孫子的「知彼知己」思維一貫到底、始終如一。

孫子用整整一篇的篇幅論述「用間」，可見他對「用間」肯定十分重視。他說：出兵10萬，征戰千里，每天要花費千金，還有70萬戶家庭因此不能從事耕作。花費如此多的人力、物力、財力，只是為了取勝於一旦（能否取勝，還是個未知數）。如果能使用間諜，及時、準確地掌握敵人的軍情，一舉打敗敵人，甚至「不戰而屈人之兵」，那就不用花費這樣巨大的人力、物力、財力了。所以，用爵祿和金錢的代價重用間諜，是很必要而值得之事。

孫子把間諜分為五種類型：鄉間、內間、反間、死間、生間。分別為：利用同鄉關係從事間諜活動；收買敵國官吏擔任間諜；收買或利用敵方派來的間諜；故意散布虛假情報，使敵方將我方叛逃的人員處死；派到敵方，又能活著返回的間諜。這五種間諜需同時使用，而「反間」尤其重要，因為「反間」是被我方收買、利用的敵方間諜，他不僅掌握敵方的大量情報，還為敵方統帥部所信任，可以更有成效地傳遞我方的假情報，還可以對鄉間、內間、死間、生間採取保護或消滅措施。

如何使用間諜？孫子的觀點是：一、物質上要特別優厚；二、感情上要特別親近、信任；三、使用上要特別祕密。

這種使用間諜的原則，現在仍然具有普遍的意義。

典故名篇

❖「女艾諜澆」，間諜之最

清朝人朱逢甲在《間書》中說：「用間始於夏王少康，使女艾間澆。」朱逢甲的話可以在《左傳・哀公元年》中找到確鑿的記載：「……使女艾諜澆。」其意思是：國君少康把一個名叫女艾的人派到澆所統治的地方去進行間諜活動。

少康是夏朝的第六個君主。他為什麼派女艾去充當間諜？女艾又是什麼人？這要從夏朝的第三個君主太康談起。

太康是個只知道吃喝玩樂的人，經常外出打獵，高興時，數月不歸。這樣的國君，不可能得到他的臣民擁戴。太康手下有一位勇猛善射的大將——后羿（也就是傳說中那位射落九個太陽的猛士）。他利用太康外出的機會，把持了夏朝的大權，立太康的弟弟仲康為國君。仲康是夏朝的第四位國君。太康有家難歸，客死他鄉。

后羿大權獨攬，目空一切。時間長了，他也不理朝政，只醉心於山野行獵的趣事。后羿屬下有個叫寒浞的陰謀家。他騙取了后羿的信任，之後不但謀殺了后羿，還奪取了后羿的愛妻，生下兩個兒子。寒浞把過和戈這兩個地方封賞給他們。

仲康的兒子相是夏朝的第五位國君。寒浞擔心相會危及自己，於是殘忍地殺掉他。當時，相的妻子已經懷孕，她勉強爬過牆洞，僥倖逃生。後生下了兒子少康。少康長大成人後，在有虞氏部落居住下來。有虞氏首領十分器重他，把兩個女兒嫁給他，還給了他一小片土地和五百名奴隸。

少康一直把殺父之仇記在心上。但是，僅憑一小片土地和五百名奴隸，想復仇，比登天還難。他思來想去，決心使用「間諜」。他有一位忠心耿耿的僕人，名叫女艾。女艾不僅對少康忠貞不貳，且智勇雙全。少康把自己的想法對他說了，女艾欣然赴任。

女艾到了澆所統治的地方，騙得了澆的信任。他源源不斷地把澆的情況報告少康，又與少康擬定了滅澆的計畫，終於一舉消滅了澆。隨後，少康乘勝用兵，又剿滅了澆。這時，寒浞已經死了。少康回到故國，恢復了夏朝。

少康是我國第一個使用間諜的國君。引人深思的是：有史記載的第一次「用諜」就促成了一件這麼大的事，間諜的作用的確不可輕估！遺憾的是，關於這段史實，史書上記載得不夠詳細。

❖ 美國聯邦調查局智鬥日立、三菱公司

一九八〇年1月20日，美國國際商用機器公司（IBM）丟失了一份有關電腦軟體設計的祕密技術文件。

IBM是世界最大的電腦公司，擁有36.5萬名職工，產品暢銷世界130多個國家和地區。一九八一年，公司產品銷售額達300億美元。日本六家最大的電腦公司總銷售額只及它的三分之一。

曾在美國聯邦調查局當過七年偵探的理查德・卡拉漢負責IBM的保衛工作。卡拉漢忙了一年零十個月，終於從一位名叫佩里的老朋友身上找到了線索——佩里剛從日本歸來，日本日立公司主任工程師林健治企圖收買他，以獲得IBM的最新型電腦3081K的全部資料。林健治還交給佩里一份「3081K」的設計手冊複印件。這設計手冊正是IBM失竊的那份文件。

卡拉漢立即找聯邦調查局的朋友幫忙。聯邦調查局在加利福尼亞的「矽谷」地區設了一家「格萊曼」公司，其任務就是保護美國的高尖端技術，偵破重大科技案件。卡拉漢和格萊曼公司經理阿蘭・賈連特遜共同制訂了詳細的計畫，專等林健治上鉤。

一九八一年11月，林健治應佩里之邀，來到格萊曼公司。賈連特遜化名「哈里遜」，負責接見他；卡拉漢裝成公司職員，做「哈里遜」的副手。林健治要求參觀「3380」電腦系統的實物，賈連特遜連連搖頭。林健治表示，可以給他們一筆巨額報酬。雙方討價還價，最後達成協議。

11月15日，日立公司駐舊金山辦書處主任工程師成瀨被引入美國普萊德・惠特尼公司參觀「IBM3380」電腦系統。成瀨從各個角度拍了照。他不知道，美國聯邦調查局已用一台隱蔽式攝影機把他的所有舉止全部錄下來。

日本三菱公司探聽到日立公司派人去了美國，也急忙派遣工業間諜木村富藏等人進入美國，企圖竊取美國的電腦情報。「哈里遜」笑臉相迎，來者不拒。

一九八二年6月，林健治為了盡快得到IBM3081K型電腦的全部資料，再次來到美國。「哈里遜」狠狠地敲了他一竹槓，雙方以52.5萬美元成交。6月22日，林健治帶著助手大西勳和美籍日本人吉田到「哈里遜」的辦公室「取貨」，迎接他們的卻是聯邦調查局的特工人員。與此同時，三菱公司的木村等人也相繼被捕。

美國聯邦調查局將林健治、木村等人竊取美國高科技情報一事公之於世，全世界為之轟動。輿論界普遍認為：這是「歷史上最大的工業間諜案之一」。

❖ 洛佩斯經濟間諜案

一九九六年3月，美國汽車工業巨頭——通用公司的環球採購部總管何塞·伊格納齊奧·洛佩斯攜帶公司的大量祕密資料跳槽加盟德國大眾汽車公司。這些資料包括：通用公司汽車工業圖紙、電腦軟碟、研究報告，以及二〇〇三年前的銷售戰略等商業機密。

這一事件在世界汽車製造業中像是引爆了一枚炸彈，立刻引起巨大的震動。一場世界汽車工業史上前所未有的間諜案也由此開始了曠日持久的訴訟。

洛佩斯很善於同供應商討價還價，曾設法把公司一九九四年底前的零件開支砍掉40億美元。因此，他獲得一個著名的綽號——「成本殺手」。很快，他成了公司內外炙手可熱的人物。而且，隨著對通用汽車公司與歐洲業務的了解，他的影響已遠遠超出他所負責的採購範圍。

一九九二年夏末，大眾汽車公司總裁皮埃希和公司其他董事到美國汽車城——底特律參加一個經營管理會議。會上有人提議，敦請洛佩斯擔任大眾公司製造部門的負責人。皮埃希同意了，且將拉攏洛佩斯的任務交給負責北美業務的董廷斯・諾伊曼。

諾伊曼生性和藹可親。一開始，他幾乎每天都給洛佩斯打電話、寫信，建議洛佩斯會見皮埃希。洛佩斯遲遲沒有答覆。諾伊曼並不氣餒，他數次拜訪，極盡親近之能事。終於，洛佩斯心動了，答應會見皮埃希。

皮埃希如期赴約，許以百萬馬克的報酬，極力勸說洛佩斯改換門庭。也許是巨額高薪的誘惑，也許是洛佩斯認為找到了足以施展個人才幹的天地，雙方心存靈犀，一拍即合。洛佩斯還就有關合作事宜，同大眾公司交換了看法。不難看出，此時的洛佩斯已是身在曹營心在漢了。

從這次午餐以後，洛佩斯便開始為自己的「跳槽」做準備。他從自己的助手中選出7人，每個人都掌握一套技術。其中一個是電腦專家，另一個了解工廠，第三個知道怎樣採購原材料。洛佩斯的女婿也在其中。

這幫人選確定以後，就開始收集資料。洛佩斯不用遮遮掩掩，沒有人告訴他不能拿他所要的東西。洛佩斯對通用汽車公司的業務了如指掌，不用費多大勁，便獲得大量通用公司的商業機密。如通用公司採購新型V-6發動機的研究報告。

據說，這些資料共計數百萬頁，裝了幾十箱，有的還被輸入電腦軟碟。掌握了這些機密，大眾公司將有充分的時間適應對手的政策，在期限、市場趨勢和價格方面與通用公司競爭。

紙包不住火，洛佩斯的行徑很快被通用公司發覺。但是，為了留住洛佩斯，通用公司並沒有給他難堪，而且在一九九三年2月提升他為公司副總經理，期使他回心轉意。

大眾汽車公司做了更大的努力。同年3月5日，大眾公司董事長克勞斯・利森向洛佩斯提出簽約的建議，請他出任僅次於皮埃希的第二把手——公司董事。這使洛佩斯的年薪達160萬美元，是他在通用汽車公司的四倍，甚至比總裁史密斯還高。

一九九三年3月11日，星期四，通用汽車公司宣布洛佩斯辭職，但公司的高級經理仍試圖說服他留下來。公司提議讓他擔任北美業務部總經理。這是特地為他新設的一個職位，僅次於史密斯。洛佩斯表示願意留在通用汽車公司。

消息靈通的皮埃希得知後，馬上從德國「大眾」總部打電話給洛佩斯。據知情人士說，連西班牙國王卡洛斯也給他去了電話，希望大眾汽車公司在西班牙建廠。三天後，通用公司舉行記者招待會，總裁史密斯在會上宣布提升洛佩斯的消息。然而為時已晚，洛佩斯已攜帶數百公斤的資料不辭而別，人去樓空……

〈全書終〉

國家圖書館出版品預行編目資料

智典．孫子兵法，吳希妍　著，初版，新北市；新視野New Vision，2024.08
面；　公分
ISBN　978-626-98599-3-1（平裝）
1. CST：孫子兵法 2. CST：謀略

592.092　　113008160

智典．孫子兵法

吳希妍　著

【出版者】新視野 New Vision
【製　作】新潮社文化事業有限公司
【製作人】林郁
電話：(02) 8666-5711
傳真：(02) 8666-5833
E-mail：service@xcsbook.com.tw

【總經銷】聯合發行股份有限公司
新北市新店區寶橋路 235 巷 6 弄 6 號 2F
電話：(02) 2917-8022
傳真：(02) 2915-6275

印前作業　菩薩蠻電腦科技有限公司
東豪印刷事業有限公司
福霖印刷企業有限公司

初　　版　2024 年 10 月